Projeto Ápis

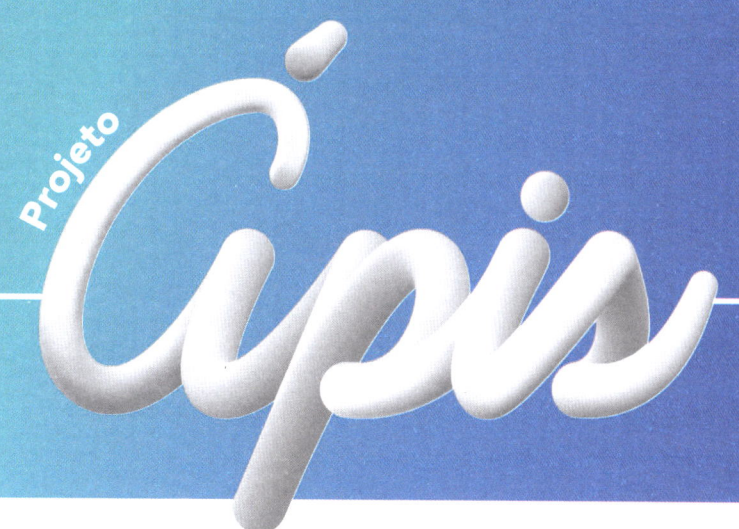

CADERNO DE ATIVIDADES

CB026433

MATEMÁTICA

5º ANO

Ensino Fundamental

NOME: ______________________ TURMA: __________

ESCOLA: ______________________

editora ática

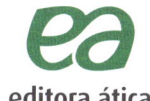

Sumário

Unidade 1 ▶ Sistema de numeração decimal 3

Unidade 2 ▶ Geometria 9

Unidade 3 ▶ Adição e subtração com números naturais 17

Unidade 4 ▶ Multiplicação e divisão com números naturais 26

Unidade 5 ▶ Expressões numéricas, divisibilidade e estatística 37

Unidade 6 ▶ Frações 48

Unidade 7 ▶ Porcentagem e probabilidade 57

Unidade 8 ▶ Mais Geometria 62

Unidade 9 ▶ Decimais 70

Unidade 10 ▶ Grandezas e suas medidas 79

As atividades a seguir o ajudam a lembrar, compreender e fixar os vários assuntos estudados nas Unidades do livro.

Ricardo Chucky/Arquivo da editora

Unidade 1 — Sistema de numeração decimal

1 Escreva a sequência dos números naturais (ℕ).

_____

- Agora, indique como cada número natural abaixo está sendo usado escrevendo se eles indicam **contagem**, **posição**, **medida** ou **código**.

   a) Luana tem 24 CDs. _____

   b) A altura do prédio é 40 metros. _____

   c) Ricardo acordou às 8 horas da manhã. _____

   d) O DDD da cidade de Guarapari (ES) é 28. _____

   e) Pedro chegou em 2º lugar na corrida. _____

   f) Há 290 funcionários no aeroporto. _____

2 Escreva mais estas sequências.

   a) Números naturais de 2 algarismos: _____ .

   b) Números naturais ímpares: _____ .

   c) Números naturais pares de 120 a 130: _____ .

   d) Números naturais entre 997 e 1 002: _____ .

3 Responda.

   a) Qual é o maior número ímpar menor do que 667?
   _____

   b) Qual é o único número natural entre 42 777 e 42 790 que não tem o algarismo 8? _____

   c) Qual é o maior número natural de 4 algarismos em que todos os algarismos são pares e distintos? _____

4 Complete as afirmações:

a) o antecessor de 23 430 é _____ .

b) o sucessor de 99 999 é _____ .

c) 46 007 é o _____ de 46 006.

- Dos seis números indicados acima, escreva:

    a) O maior de todos: _____ .

    b) O menor de todos: _____ .

    c) Os que são números pares: _____ .

    d) Os que são números ímpares: _____ .

    e) Todos eles em ordem crescente:

    _____, _____, _____, _____, _____ e _____ .

5 Escreva o número usando algarismos.

Três mil e quinhentos → _____

Dois milhões e trezentos mil → _____

Quatro milhões e dez mil → _____

- Agora, responda considerando os números que você escreveu.

    a) Quantas ordens tem o número do quadro azul? _____

    b) Qual é o valor posicional do algarismo 3 no número do quadro laranja?
    _____

    c) Quantas classes tem o número do quadro roxo? _____

    d) Qual é o menor dos três números? Escreva por extenso.

6 Escreva com algarismos os números correspondentes aos quadros e compare-os, colocando >, < ou = nos ☐.

a) | 3 centenas de milhar | ☐ | 40 milhares |

b) | 6 000 + 800 + 40 | ☐ | seis mil quatrocentos e oitenta |

c) | 3 × 4 milhões | ☐ | 10 000 000 + 2 000 000 |

d) | 80 dezenas de milhar | ☐ | 7 unidades de milhão |

7 PESQUISA

Escreva usando algarismos.

a) O número de habitantes da sua cidade. _____

b) O número de habitantes do seu estado. _____

c) O número de habitantes da capital do seu estado. _____

d) As respostas dos itens **a**, **b** e **c** em ordem decrescente.

_____

e) As respostas dos itens **a**, **b** e **c** em ordem crescente, por extenso.

_____

cinco 5

8 Leia o texto abaixo.

Alguns números da missão Apollo 11

O primeiro passo do ser humano na Lua foi dado pelo astronauta americano Neil Armstrong, então com 38 anos, no dia 20 de julho de 1969, às 23h 56min 31s (horário de Brasília). Ao pisar na Lua, seu coração batia 156 vezes por minuto, quando ele proferiu a célebre frase: "Este é um pequeno passo para o homem, mas um gigantesco salto para a humanidade".

A Apollo 11 era composta do módulo lunar Eagle (Águia) e pelo módulo de comando Columbia.

Os 3 tripulantes eram Neil Armstrong, Edwin Aldrin e Michael Collins.

Cerca de 850 jornalistas de 55 países registraram esse acontecimento. Calcula-se que 1,2 bilhão de pessoas acompanharam esse momento pela TV no mundo inteiro.

A Apollo 11 viajou 384 321 km da Terra à Lua. Na Terra, a mochila e o traje espacial dos astronautas pesavam 86 quilogramas. Mas lá o peso era de apenas 14 quilogramas pois, devido à gravidade na Lua, tudo é 6 vezes mais leve do que na Terra.

Fonte de consulta: Marcelo Duarte. **O guia dos curiosos**. Disponível em: <https://www.guiadoscuriosos.com.br/curiosidades/ciencia-e-saude/universo/espaco/o-homem-na-lua/10-curiosidades-sobre-o-homem-na-lua/>. Acesso em: 23 junho 2020.

As imagens não estão representadas em proporção.

A Apollo 11 é transportada para a base de lançamento.

Edwin Aldrin carregando equipamentos para experiência em solo lunar.

Para entender o texto acima é preciso conhecer os números: seus valores, seus significados, como são lidos, etc.

Considere os números que aparecem no texto para completar ou responder aos itens a seguir.

a) 3 números que indicam contagem: _____ , _____ e _____ .

b) 2 números que indicam medida: _____ e _____ .

c) O maior número com todos os seus algarismos: _____ .

   Sua leitura: _____ .

d) O número maior do que 800 e menor do que 900: _____ .

   Sua leitura: _____ .

e) Escreva um trecho em que aparece um número como ordenação ou posição:
   _____

f) O número que tem o 8 como algarismo das dezenas de milhar: _____ .

   Sua leitura: _____ .

g) As missões Apollo são numeradas em sequência de 1 em 1. Essa missão foi a Apollo 11. Escreva o nome da missão seguinte com o número na numeração romana: _____ .

9 Arredonde cada número para a ordem exata mais próxima da ordem indicada pelo algarismo sublinhado. Depois, escreva como se lê o número arredondado.

a) 6̲97 864 → _____

b) 5 3̲2 857 621 → _____

c) 2 13̲5 327 841 → _____

10 Faça as composições a seguir.

a) 10 000 + 5 000 + 300 + 70 + 8 _____

b) 200 000 + 8 000 + 90 + 3 _____

c) 7 000 000 + 300 000 + 40 000 + 6 000 + 9 _____

11. Desenhe fichas como as da página 21 do seu livro para representar os números a seguir.

a) 507

b) 298

c) 430

12. Escreva a letra solicitada.

a) 10ª letra do alfabeto: _____.

b) 3ª letra do seu nome: _____.

c) 25ª letra do alfabeto: _____.

d) 8ª letra da palavra MATEMÁTICA: _____.

e) 40ª letra da sequência A, B, C, A, B, C, A, B, C, ... _____.

Unidade 2 — Geometria

1) Observe os desenhos dos sólidos geométricos, cada um identificado com uma letra maiúscula.

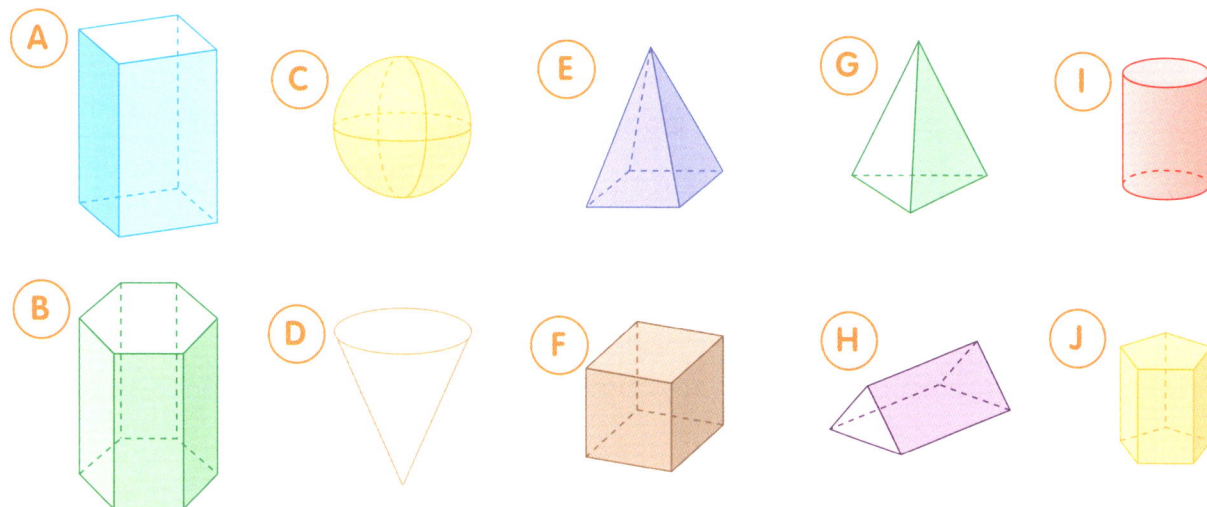

- Indique com as letras:

    a) Os poliedros: _____.

    b) Os corpos redondos: _____.

    c) As pirâmides: _____.

    d) O que pode ser chamado de cubo: ____.

    e) O poliedro que tem 6 vértices: ____.

    f) O prisma de base pentagonal: ____.

    g) O tambor da foto tem a forma parecida com a do sólido ____.

Tambor.

- Agora, escreva os nomes destes sólidos geométricos:

    A: _____.   G: _____.

    C: _____.   H: _____.

    D: _____.   I: _____.

2 Responda **sim** ou **não**.

a) Com dois paralelepípedos iguais, podemos formar outro paralelepípedo?
_____

b) Com dois cubos iguais, podemos formar outro cubo? _____

c) Com dois cones iguais, podemos formar outro cone? _____

d) Com dois cilindros iguais, podemos formar outro cilindro? _____

e) Com duas pirâmides iguais, podemos formar outra pirâmide? _____

f) Com dois prismas iguais, podemos formar outro prisma? _____

3 Alguns poliedros foram analisados e os números de vértices, faces e arestas foram registrados na tabela a seguir.

a) Utilize a relação de Euler para completar as lacunas que faltam na tabela.

Características de alguns poliedros

Poliedro	Número de vértices	Número de faces	Número de arestas
I		5	9
II	12		18
III	8	6	
IV	6		10

Tabela elaborada para fins didáticos.

b) Relacione cada poliedro acima com os poliedros a seguir. Depois, ilustre cada um deles no espaço abaixo.

Paralelepípedo: ☐   Prisma de base triangular: ☐

Pirâmide de base pentagonal: ☐   Prisma de base hexagonal: ☐

4 Marque com um **X** a planificação do cilindro.

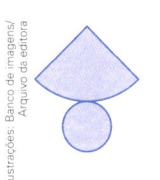  □ 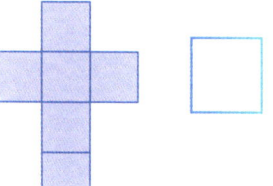 □

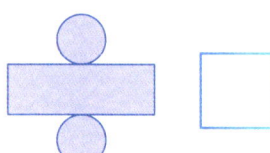 □ 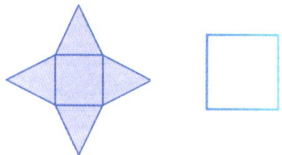 □

5 Desenhe e pinte na malha quadriculada.

a) Uma região quadrada formada por uma região triangular verde e uma região triangular azul.

b) Uma região retangular formada por uma região quadrada laranja e uma região retangular cinza.

6 Descreva as regiões planas formadas abaixo. Cite as formas e as cores das partes.

a)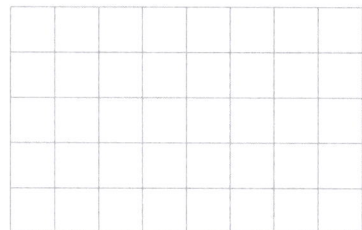

Uma região _____ formada por _____
_____
_____ .

b)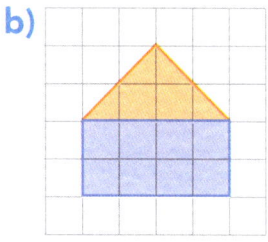

_____
_____
_____ .

onze 11

7 Observe as peças que Márcio usou para compor regiões planas.

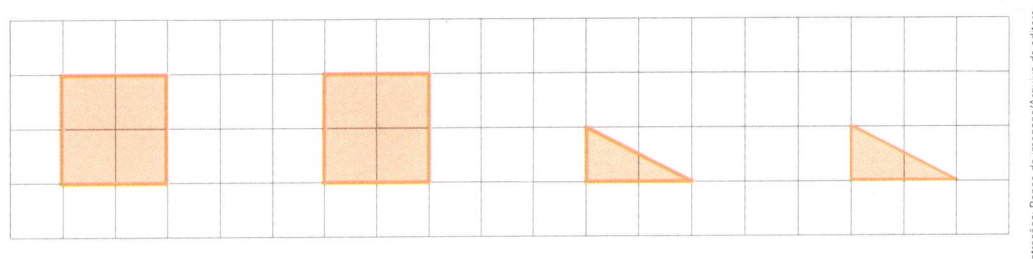

- Veja as 4 regiões planas que ele compôs.

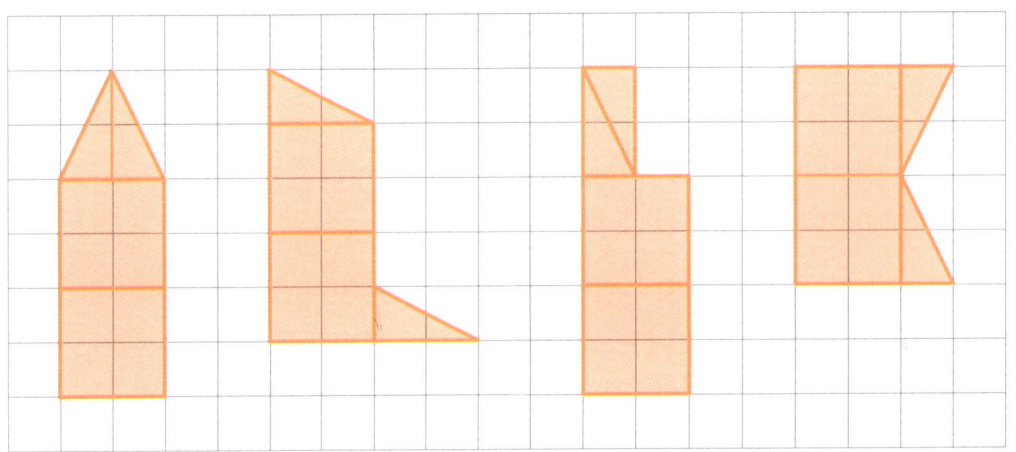

a) Assinale com **X** as regiões planas assimétricas, ou seja, as que não apresentam simetria.

b) Trace o eixo de simetria nas regiões planas simétricas.

- Agora, desenhe 2 regiões planas usando as 4 peças em cada uma.

a) Uma região plana simétrica com seu eixo de simetria.

b) Uma região plana assimétrica.

12 doze

8 Veja ao lado o desenho de uma construção feita com 4 cubos, cada um de uma cor.

Pinte com as cores correspondentes de acordo com a posição de quem vê a construção.

a) Vista de frente.

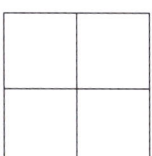

b) Vista de baixo.

9 No item **a** desenhe o contorno da região plana dada. No item **b** desenhe a região plana que tem o contorno dado.

a) Região plana   Contorno

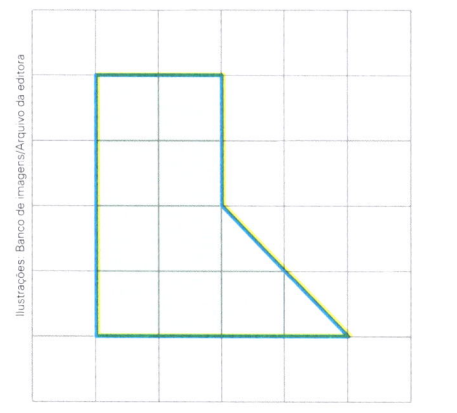 

b) Contorno   Região plana

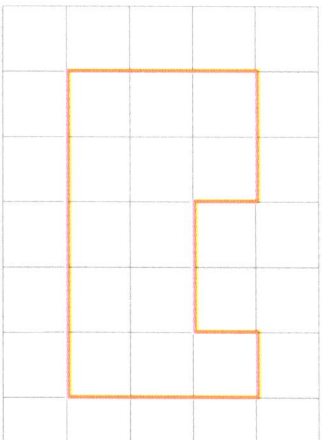 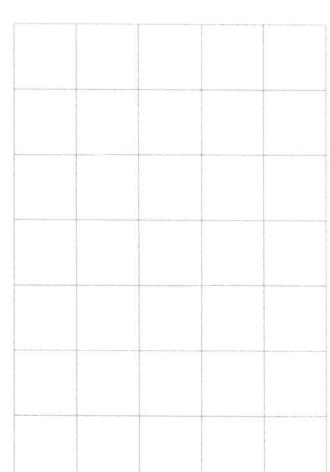

10 VAMOS DESENHAR?

- Use a régua para desenhar as figuras indicadas.

a) 1 segmento de reta.

b) 1 reta.

c) 1 semirreta.

d) 1 quadrilátero que não seja um quadrado.

e) 2 retas paralelas.

f) 2 retas concorrentes.

- Use a face de um objeto circular, como uma moeda, por exemplo.

a) Desenhe e pinte de verde 1 região circular (círculo).

b) Desenhe o contorno (circunferência) dessa região circular.

11

As linhas verdes ao lado são eixos de simetria. Observe a figura colorida e pinte sua imagem simétrica em relação ao eixo 1. Em seguida, desenhe e pinte a imagem simétrica em relação ao eixo 2 e, por fim, a imagem simétrica em relação ao eixo 3.

Banco de imagens/Arquivo da editora

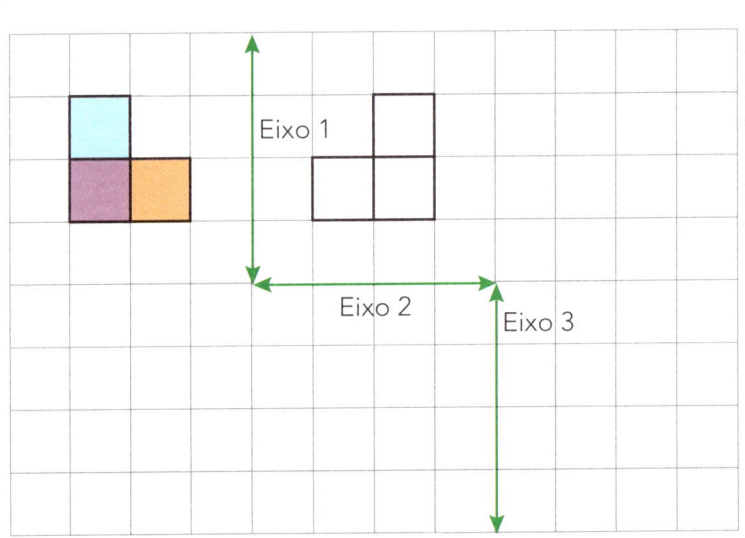

12 Desenhe na malha abaixo os polígonos de acordo com a instrução de cada item.

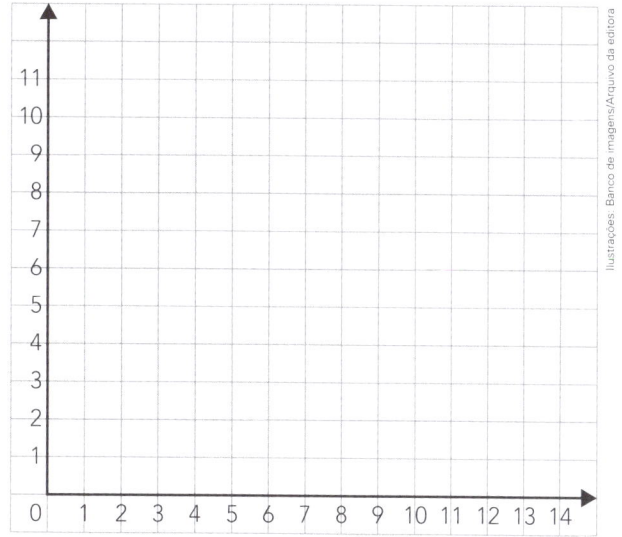

a) Desenhe 1 hexágono com vértices nos pontos $(5, 1)$, $(3, 5)$, $(5, 9)$, $(9, 9)$, $(11, 5)$ e $(9, 1)$.

b) Desenhe 1 circunferência que passe pelos pontos $(6, 6)$, $(5, 7)$, $(6, 8)$, $(7, 7)$.

c) Desenhe 1 circunferência que passe pelos pontos $(8, 6)$, $(7, 7)$, $(8, 8)$, $(9, 7)$.

d) Desenhe 1 triângulo com vértices nos pontos $(3, 5)$, $(1, 9)$, $(5, 9)$.

e) Desenhe 1 triângulo com vértices nos pontos $(11, 5)$, $(9, 9)$, $(13, 9)$.

f) Desenhe 1 triângulo com vértices nos pontos $(7, 3)$, $(6, 5)$, $(8, 5)$.

g) Desenhe 1 triângulo com vértices nos pontos $(6, 2)$, $(7, 3)$, $(8, 2)$.

h) No quadro ao lado, desenhe as ampliações e as reduções de acordo com a instrução em cada item:

- Reduza o hexágono do item **a** considerando $\frac{1}{2}$ do comprimento dos lados.
- Amplie o triângulo do item **d** considerando 2 vezes o comprimento dos lados.
- Reduza o triângulo do item **g** considerando $\frac{1}{3}$ do comprimento dos lados.

13 O cavalo é uma das peças do jogo de xadrez. Ele movimenta-se em "L" no tabuleiro. É a única peça que pode pular sobre outras peças, tanto as suas quanto as adversárias. Como exemplo, veja a seguir alguns possíveis movimentos do cavalo.

As casas do tabuleiro de xadrez costumam ser representadas por coordenadas de acordo com a figura abaixo, usando a notação (coluna, linha).

Exemplos: os cavalos aparecem abaixo nas casas (a, 5), (e, 4) e (h, 1).

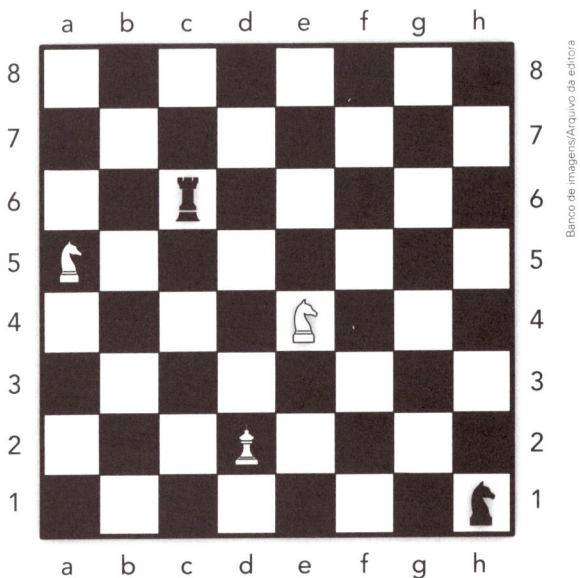

a) Represente as posições ocupadas pela torre e pelo peão.

Torre: _____ Peão: _____

b) Represente a posição que cada cavalo vai ocupar com o movimento indicado.

- O cavalo que está na casa (a, 5) e faz o movimento **B**. → _____
- O cavalo que está na casa (e, 4) e faz o movimento **A**. → _____
- O cavalo que está na casa (h, 1) e faz o movimento **C**. → _____

c) Qual dos movimentos (**A**, **B**, **C** ou **D**) um cavalo deve fazer para ir de (g, 6) até (e, 7)? _____

Unidade 3

Adição e subtração com números naturais

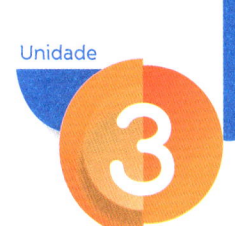

1 IDEIAS DA ADIÇÃO

As imagens não estão representadas em proporção.

Calcule mentalmente, responda e indique a adição efetuada.

a) Paulo comprou a geladeira e o fogão.

Quanto ele gastou no total? ______________

________ + ________ = ________

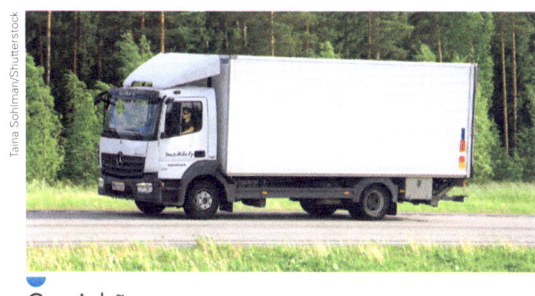

Geladeira.

R$ 1 200,00

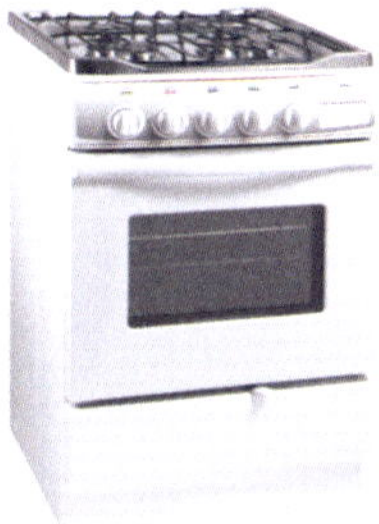

Fogão.

R$ 380,00

Shkliarov/Shutterstock
Perla Berant Wilder/Shutterstock

b) Um caminhoneiro já percorreu 588 km de um percurso.

Caminhão.

Taina Sohlman/Shutterstock

Se ele percorrer mais 200 km, quantos quilômetros serão percorridos no total? ______________

________ + ________ = ________

2

Complete considerando a adição do item **a** da atividade anterior:

- Os números 1 200 e 380 são chamados de ______________.
- O resultado, que é o número ________, é chamado de ______________ ou ______________.

3 MAIS CÁLCULOS MENTAIS DE ADIÇÃO

Efetue mentalmente, registre o resultado e, depois, confira com os colegas.

a) 9 000 + 40 = ________

b) 300 + 500 = ________

c) 7 199 + 4 = ________

d) 12 000 + 8 = ________

e) 7 000 + 3 000 = ________

f) 237 + 600 = ________

g) 80 + 80 = ________

h) 7 423 + 106 = ________

4 ALGORITMO USUAL DA ADIÇÃO

Efetue e registre o resultado.

a) 2 374 + 322 = ____________

b) 7 042 + 2 573 = ____________

c) 844 + 236 = ____________

d) 68 + 2 577 = ____________

e) 23 846 + 18 792 = ____________

f) 777 + 777 = ____________

As imagens não estão representadas em proporção.

5 Em uma escola são oferecidas aos alunos atividades de dança, culinária, jardinagem e música. Cada aluno pode escolher 2 delas.

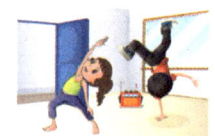

Dança.

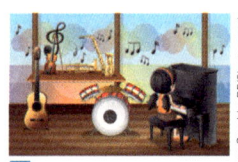

Música.

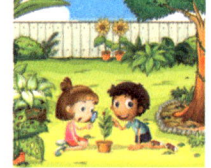

Jardinagem.

Culinária.

Imagens: GraphicsRF/Shutterstock

a) Quais são as possibilidades de fazer as 2 escolhas? ____________

b) Quantas são elas?

____

c) E se fossem oferecidas 5 atividades, quantas seriam as possibilidades de fazer as 2 escolhas? ____________

6 Escreva nos □ os algarismos que faltam nas adições:

a)

  3 □
\+ □ 7
\-----
  9 1

b)

  2 □ 6
\+ □ 3 4
\-------
  9 6 □

c)

  □ 8 □ 3
\+ 1 7 □
\---------
  6 □ 2 9

7 Complete os ☐ de acordo com a propriedade citada em cada item.

- Propriedade comutativa da adição:

    a) 45 + 177 = ☐ + ☐

    b) Se 386 + 95 = 481, então ☐ + ☐ = ☐.

- Propriedade do elemento neutro da adição:

    a) 47 + ☐ = ☐   c) ☐ + 248 = ☐

    b) ☐ + 128 = ☐   d) ☐ + 0 = 1 244

- Propriedade associativa da adição:

    a) Se (326 + 47) + 128 = 501, então 326 + (47 + 128) = ☐.

    b) 47 + 39 + 18 = 47 + ☐ + 18

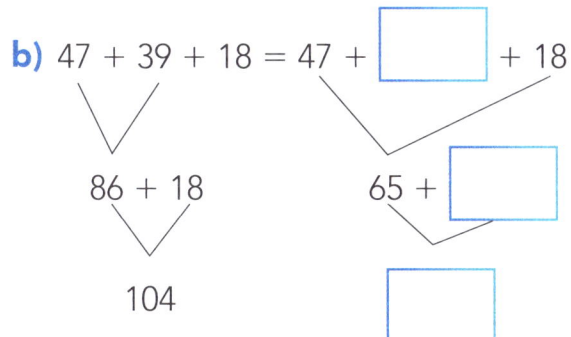

86 + 18

104

65 + ☐

8 Agrupe da forma que julgar mais conveniente e calcule mentalmente.

a) 46 + 38 + 4 = _____   b) 187 + 230 + 70 = _____

9 Vamos comparar as somas.

Coloque >, < ou = em cada ☐.

Atenção: só no item **d** será necessário efetuar as operações.

a) 372 + 45 ☐ 372 + 47   c) 47 + (28 + 69) ☐ (47 + 28) + 69

b) 9 139 + 681 ☐ 681 + 9 139   d) 874 + 395 ☐ 596 + 668

10 **IDEIAS DA SUBTRAÇÃO**

Calcule mentalmente, responda e indique a subtração efetuada.

a) Paulo tem R$ 278,00. Se comprar o par de tênis mostrado ao lado, com quanto ele ainda vai ficar?

_____

_____ − _____ = _____

b) Ana tem 520 reais e Maria tem 320 reais. Quanto Ana tem a mais do que Maria?

_____

_____ − _____ = _____

▸ As imagens não estão representadas em proporção.

c) Mário tem 50 reais e quer comprar o jogo mostrado ao lado. Quantos reais faltam para Mário poder comprar esse jogo? _____

_____ − _____ = _____

d) Em um jogo de basquete o time azul marcou 108 pontos e o time verde marcou 111 pontos.

• Qual foi o time vencedor do jogo? _____

• Qual foi a diferença de pontos na contagem final? _____

11 Complete considerando a subtração do item **a** da atividade anterior.

a) O número 278 chama-se _____.

b) O número 100 chama-se _____.

c) O resultado, que é o número _____, chama-se _____ ou _____.

12 Considere a subtração do item **b** do exercício 10 e complete:

O minuendo é _____, o subtraendo é _____ e a diferença é _____.

13 MAIS CÁLCULOS MENTAIS DE SUBTRAÇÃO

- Efetue mentalmente e registre o resultado.

    a) 7 000 − 2 000 = _____

    b) 7 000 − 200 = _____

    c) 7 000 − 20 = _____

    d) 7 000 − 2 = _____

    e) 372 − 369 = _____

    f) 5 200 − 100 = _____

    g) 12 840 − 600 = _____

    h) 26 544 − 10 000 = _____

- Calcule e complete.

    a) De R$ 300,00 para R$ 420,00, faltam _____ .

    b) A diferença entre 103 e 4 é _____ .

    c) Um prédio de 218 m de medida de altura tem _____ a menos do que um prédio de 222 m de medida de altura.

    d) Tirando 6 000 de 100 000 ficamos com _____ .

14 ALGORITMO USUAL DA SUBTRAÇÃO

Efetue as operações pelo algoritmo usual e registre os resultados.

a) 16 725 − 2 523 = _____

b) 5 356 − 3 920 = _____

c) 278 − 95 = _____

d) 52 640 − 17 125 = _____

e) 1 427 − 36 = _____

f) R$ 600,00 − R$ 46,00 = _____

15 Descubra quantos gramas serão assinalados na última pesagem e escreva no visor da balança.

As imagens não estão representadas em proporção.

 2818
 2600
 543

16 CASOS ESPECIAIS DE ADIÇÃO E SUBTRAÇÃO

Vamos recordar?

- 647 + 199 = ?

    Fazemos:

    647 + 200 = 847

    847 − 1 = 846

    Logo:

    647 + 199 = 846

- 293 − 98 = ?

    293 − 100 = 193

    193 + 2 = 195

    Logo:

    293 − 98 = 195

- 5000 − 1274 = ?

    $$\begin{array}{r} 4999 \\ -\ 1273 \\ \hline 3726 \end{array}$$

    Logo:

    5000 − 1274 = 3726

Agora, efetue as operações pelos processos mostrados nos exemplos.

a) 298 + 565 = _____

b) 4240 − 1999 = _____

c) 301 − 174 = _____

17 Dona Mariana comprou uma máquina de costura de R$ 1 000,00, pagou uma parcela de R$ 398,00 e outra de R$ 317,00. Quanto ainda falta para ela pagar?

_____

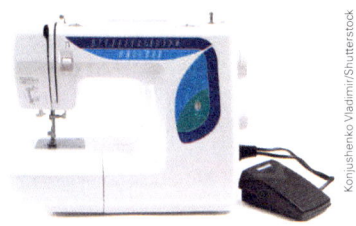

Máquina de costura.

18 Efetue as operações indicadas e, em cada uma, efetue a operação inversa para conferir o resultado.

a) $\begin{array}{r} 3272 \\ +\ 456 \\ \hline \end{array}$ _____

b) $\begin{array}{r} 847 \\ -\ 215 \\ \hline \end{array}$ _____

19 Calcule e responda:

a) Que número devo adicionar a 428 para obter o resultado 707? _____

b) Se o subtraendo é 588 e a diferença é 164, então qual é o minuendo?

_____

c) Se o minuendo é 2072 e a diferença é 848, então qual é o subtraendo?

_____

20 CALCULADORA

Em cada item faça arredondamentos e calcule o valor aproximado. Depois, use uma calculadora para obter o valor exato.

a) A soma de 1798 e 201 é:

- aproximadamente _____.
- exatamente _____.

b) A diferença entre 449 e 102 é:

- aproximadamente _____.
- exatamente _____.

c) Mariano comprou um carro por R$ 25 995,00 e colocou nele acessórios no valor de R$ 2 990,00. No total ele gastou:

Carro.

- aproximadamente _____.

- exatamente _____.

21 RODOVIA DOS IMIGRANTES

> As imagens não estão representadas em proporção.

▶ Trecho da rodovia dos Imigrantes, na região da serra do Mar, em Cubatão, SP. Foto de 2017.

A rodovia dos Imigrantes (SP-160) liga a cidade de São Paulo ao litoral sul paulista. Ela é considerada uma das melhores rodovias do país. Sua extensão é de 58,5 km, dos quais 15 km são de serra, localizados em meio à serra do Mar. Sua principal característica é a predominância de viadutos e túneis.

No sentido São Paulo/litoral (Pista Sul), nestes 15 km de serra, há 4 túneis, 2 dos quais são os maiores túneis rodoviários do país. O primeiro túnel tem 110 m, o segundo, 3 146 m, o terceiro, 2 080 m e o quarto, 3 009 m.

No sentido litoral/São Paulo (Pista Norte) há 11 túneis cujas extensões são: 127 m, 468 m, 320 m, 1 215 m, 420 m, 290 m, 120 m, 370 m, 235 m, 95 m e 230 m.

Fonte de consulta: <www.ecovias.com.br/Institucional/Sistema-Anchieta-Imigrantes>. Acesso em: 8 maio 2020.

- Com base no texto da página anterior, responda:

    a) Qual é a extensão da rodovia, em metros? _____

    b) Quantos metros da rodovia não são de serra? _____

    c) Há mais metros de túneis na Pista Sul ou na Pista Norte? _____
    Quantos metros a mais do que a outra? _____

    d) Quantos quilômetros percorre um veículo numa viagem de ida e volta pela Rodovia dos Imigrantes? _____

22 Complete a tabela de adições.

Tabela de adições

+	25	120		
15		135	721	1 515
	405		1 086	1 880
1 054	1 079			
2 500		2 620		

Tabela elaborada para fins didáticos.

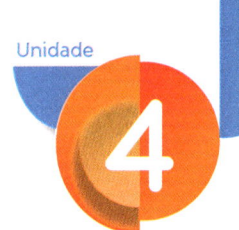

Unidade 4

Multiplicação e divisão com números naturais

1 IDEIAS DE MULTIPLICAÇÃO

Calcule mentalmente, responda e escreva a multiplicação efetuada.

Reprodução/Casa da Moeda do Brasil/Ministério da Fazenda

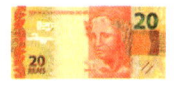

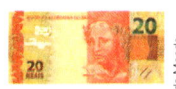

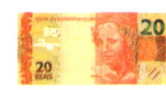

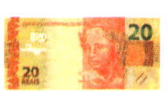

- Com 4 notas de R$ 20,00, que quantia temos no total? ______

  ______ × ______ = ______

- Quantos são os triângulos desenhados abaixo? Indique a multiplicação efetuada. ______

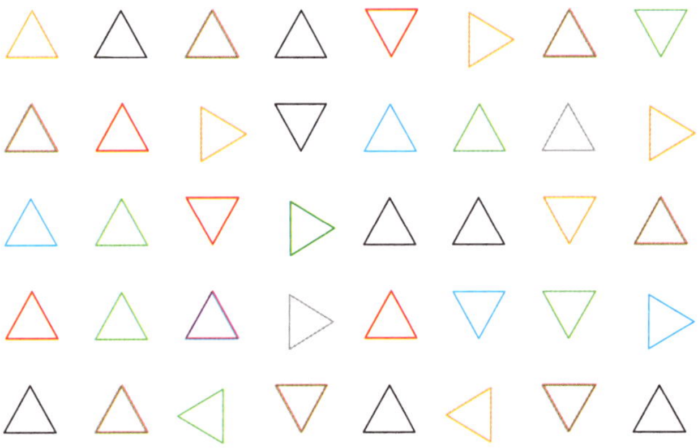

______ × ______ = ______

- Observe a figura ao lado e responda.

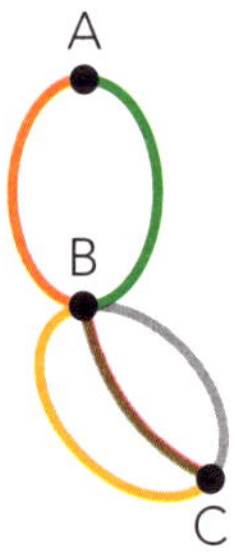

Banco de imagens/Arquivo da editora

a) Para ir de **A** até **B** há quantos caminhos? ______

b) Para ir de **B** até **C** há quantos caminhos? ______

c) E para ir de **A** até **C**, passando por **B**, quantos são os caminhos? Indique a multiplicação efetuada. ______

______ × ______ = ______

d) Um dos caminhos para ir de **A** a **C** é o laranja – amarelo.

Quais são os demais caminhos?

______

______

2 Reescreva a multiplicação do primeiro item da atividade anterior e, depois, complete com os nomes.

_____ × _____ = _____

a) Os números 4 e 20 são chamados de _____.

b) O número 80 é chamado de _____.

3 TABUADAS: VAMOS RECORDAR?

Pinte com a mesma cor os quadros com multiplicações de mesmo resultado.

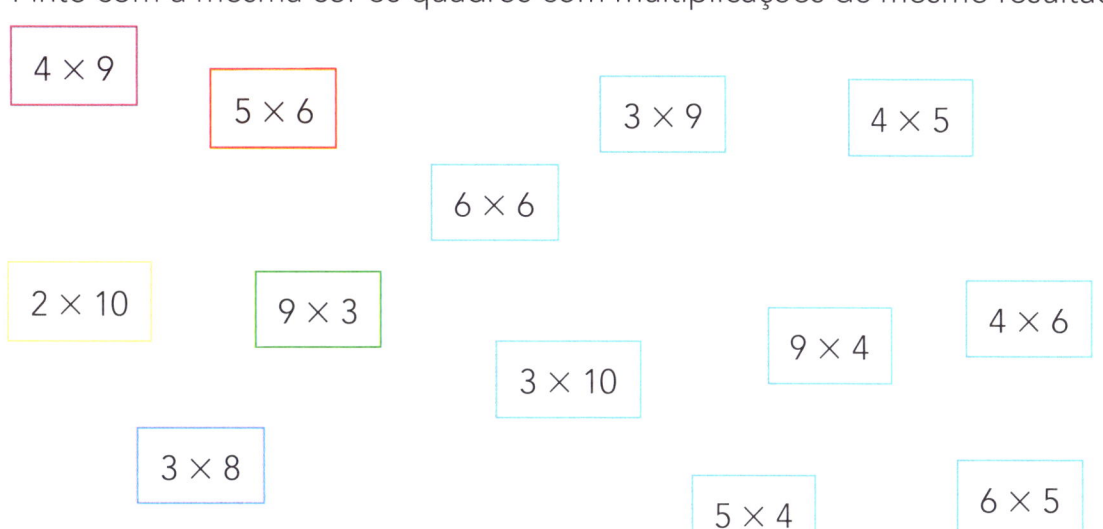

Agora, coloque os resultados de acordo com a cor do quadro.

4 CÁLCULO MENTAL NA MULTIPLICAÇÃO

Efetue mentalmente, registre o resultado e troque ideias com os colegas sobre como cada um realizou o cálculo.

a) 10 × 37 = _____

b) 80 × 100 = _____

c) 5 × 1 000 = _____

d) 40 × 50 = _____

e) 30 × 600 = _____

f) 5 × 2 000 = _____

g) 6 × 200 = _____

h) 30 × 3 000 = _____

i) 50 × 50 = _____

j) 6 × 2 000 = _____

5 DESAFIO

Descubra os resultados utilizando apenas adições e complete.

a) 3 × 25 = _____

b) Se 4 × 137 = 548, então 5 × 137 = _____ .

c) 2 × 579 = _____

d) Se 3 × 14 = 42 e 4 × 14 = 56, então 7 × 14 = _____ .

6

Efetue os cálculos utilizando o algoritmo usual da multiplicação e registre o produto.

a) 7 × 35 = _____

b) 140 × 9 = _____

c) 6 × 2 308 = _____

d) 14 × 15 = _____

e) 23 × 154 = _____

f) 164 × 239 = _____

7 Mauro tem 28 figurinhas em seu álbum.
Rogério tem o triplo de figurinhas de Mauro.
Paula tem o dobro de Rogério.
Quantas figurinhas têm os 3 juntos?

______

Ilustra Cartoon/Arquivo da editora

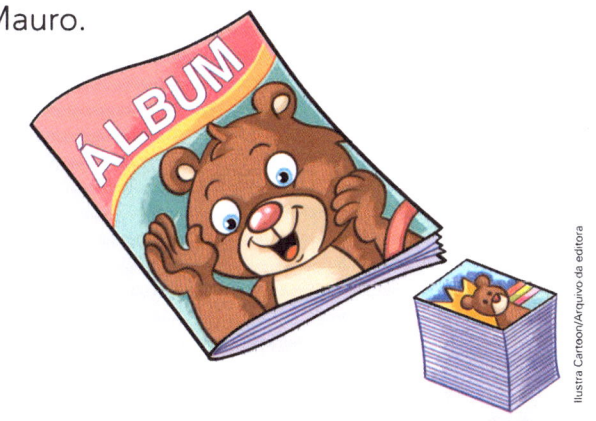

8 Complete e escreva qual propriedade da multiplicação está sendo usada.

a) $15 \times 28 =$ ______ $\times 15 \rightarrow$ ______

b) $1 \times 158 =$ ______ $\rightarrow$ ______

c) $(19 \times 12) \times 7 = 19 \times (12 \times$ ______ $) \rightarrow$ ______

d) $128 \times 0 =$ ______ $\rightarrow$ ______

9 Agrupe de forma conveniente e calcule mentalmente o produto de cada item.

a) $5 \times 17 \times 2 =$ ______

b) $4 \times 25 \times 49 =$ ______

c) $53 \times 20 \times 50 =$ ______

d) $4 \times 2 \times 5 \times 50 =$ ______

10 Descubra e indique os múltiplos do número dado efetuando a operação indicada.

a) Múltiplos de 8 efetuando só adições:

M(8): ______, ______, ______, ______, ______, ...

b) Múltiplos de 15 efetuando só multiplicações:

M(15): ______, ______, ______, ______, ______, ...

11 Descubra e escreva:

a) Os múltiplos de 25 de 2 algarismos. → _____

b) Os múltiplos de 7, entre 30 e 50. → _____

c) O menor múltiplo de 11, de 3 algarismos. → _____

d) O maior múltiplo de 20, de 2 algarismos. → _____

12 Responda e justifique usando a multiplicação.

a) 48 é múltiplo de 6? _____

b) 68 é múltiplo de 8? _____

13 **IDEIAS DA DIVISÃO**

As imagens não estão representadas em proporção.

Calcule da forma que julgar mais conveniente e responda. Depois, escreva a divisão correspondente.

a) Repartindo igualmente 14 balas para 2 pessoas, quantas cada uma vai ganhar? _____

_____ ÷ _____ = _____

Balas.

b) Marisa vai distribuir 15 flores em vasos, e ela pretende colocar 5 flores em cada vaso. De quantos vasos ela vai precisar? _____

_____

14 Reescreva a divisão do item **a** da atividade anterior.

_____ ÷ _____ = _____

Vaso com flores.

- Agora, complete com nomes:

  14: _____   2: _____   7: _____

- Finalmente, responda:

  a) Essa divisão é exata? _____

  Por quê? _____

  b) Como fazemos a verificação? _____

15 Efetue mais estas divisões exatas e verifique o resultado com uma multiplicação.

a) 20 ÷ 4 = _____, pois _____.

b) 24 ÷ 3 = _____, pois _____.

c) 54 ÷ 6 = _____, pois _____.

16 CÁLCULO MENTAL NA DIVISÃO

Efetue mentalmente, registre o resultado e troque ideias com os colegas sobre como fizeram.

a) 6 ÷ 2 = _____

b) 60 ÷ 2 = _____

c) 600 ÷ 2 = _____

d) 6 000 ÷ 20 = _____

e) 40 ÷ 40 = _____

f) 600 ÷ 10 = _____

g) 800 ÷ 100 = _____

h) 35 000 ÷ 1 000 = _____

i) 45 ÷ 5 = _____

j) 450 ÷ 5 = _____

k) 450 ÷ 50 = _____

l) 200 ÷ 5 = _____

17 Calcule mentalmente, responda e indique a divisão.

a) Pagando este televisor em 3 prestações iguais, qual será o valor de cada prestação?

_____

_____

Televisor.

R$ 900,00

As imagens não estão representadas em proporção.

Boneca.

R$ 20,00

b) Com R$ 120,00, quantas bonecas como a mostrada ao lado é possível comprar?

_____

_____

18 DIVISÃO PELO ALGORITMO DAS ESTIMATIVAS

Complete o algoritmo no item **a**. No item **b** calcule fazendo estimativas de 2 formas diferentes.

a)
```
  444 | 12
- 240 | 20
  204 | 10
```

b) 2675 | 25   2675 | 25

19 ALGORITMO USUAL DA DIVISÃO

Efetue e registre o quociente.

a) 862 ÷ 2 = _____   b) 7 620 ÷ 5 = _____   c) 437 ÷ 7 = _____

862 | 2

20

Entre as divisões da atividade anterior, indique qual delas não é uma divisão exata:

_____ ÷ _____ = _____ e resto _____.

Faça a verificação:

21 **MAIS ALGORITMO USUAL**

a) Como 35 = 5 × 7, podemos efetuar a divisão exata 2555 ÷ 35, dividindo 2555 por 5 e, depois, dividindo o número obtido por 7.

Faça isso no espaço abaixo e complete aqui: 2555 ÷ 35 = _____.

b) Usando o mesmo processo do item **a**, efetue e registre o quociente:

3038 ÷ 49 = _____.

Atenção: 49 = 7 × 7.

22 Pratique o algoritmo usual da divisão, efetuando, em cada item, uma única divisão.

a) 418 ÷ 19 = _____

b) 2790 ÷ 34 = _____

c) 1694 ÷ 242 = _____

d) 1750 ÷ 125 = _____

23 Em uma granja, 228 ovos vão ser colocados em embalagens com uma dúzia de ovos em cada uma. Quantas embalagens serão necessárias? _____

Embalagem com ovos.

24 Efetue a operação e, em seguida, a operação inversa para conferir a sua resposta.

a)
```
    26
  × 32
```

b)
```
1485 | 45
```

25 Por quais números podemos dividir o número 20 para que a divisão seja exata (resto 0)? _____

Que nome pode ser dado a esses números? _____

```
20 | ?
 0 |
```

26 Escreva os números correspondentes.

a) Divisores de 27: _____.

b) D(19): _____.

c) Divisores pares de 30: _____.

27 CALCULADORA

Arredonde os números e dê um resultado aproximado. Depois, use a calculadora para dar o resultado exato. O primeiro já está feito.

a) 19 × 198

   20 × 200 = 4 000

   19 × 198 = 3 762

b) 38 × 9 876

c) 5 402 − 994

d) 399 ÷ 19

28

Descubra o código e, depois, complete o diagrama. Para conferir, calcule a soma dos números das 6 pontas da estrela. O total deve ser 18 323.

Código

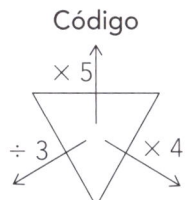

Diagrama

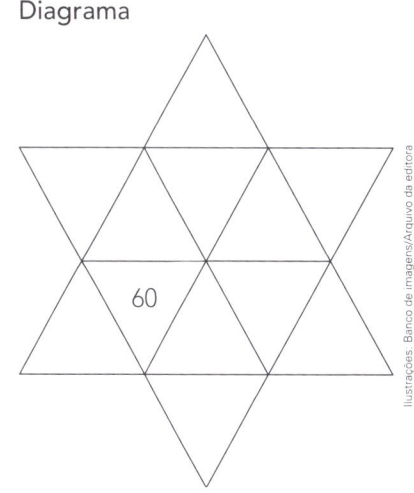

29 PROPORCIONALIDADE

Descubra fazendo multiplicações ou divisões e complete.

a) Se 3 balas iguais são vendidas por R$ 2,00, então o preço de 12 dessas balas é R$ _____ .

b) Se 12 cadernos iguais custam R$ 33,00, então o preço de 4 desses cadernos é R$ _____ .

30 Carolina e Raul têm coleções de figurinhas. Carolina tem 20 figurinhas e Raul tem 24.

Em cada item, complete os números de acordo com a situação.

a) Se cada um dobrar a quantidade de figurinhas, então Carolina terá _____ e Raul terá _____ figurinhas.

b) Se cada um perder 10 figurinhas, então Carolina terá _____ figurinhas e Raul _____ figurinhas.

c) Se cada um dividir igualmente suas figurinhas com mais 3 amigos, então Carolina ficará com _____ figurinhas e Raul ficará com _____ figurinhas.

31 **RESULTADOS POSSÍVEIS E CHANCES**

Juliana tem uma caixa de bolinhas de cores diferentes. Ela contou 12 bolinhas vermelhas, 4 bolinhas azuis e 6 bolinhas amarelas.

a) Ao retirar 1 bolinha dessa caixa, quais são os resultados possíveis?

_____

b) A chance de cada um desses resultados ocorrer é a mesma ou não? Explique.

_____

c) Qual é a menor quantidade de bolinhas que precisaria ser retirada da caixa para que as chances das bolinhas que sobrassem fossem iguais?

_____

Unidade 5

Expressões numéricas, divisibilidade e estatística

1 Observe os vasos e quantas flores há em cada vaso.

a) Assinale a expressão numérica que indica o número total de flores.

☐ 9 × (3 + 2)   ☐ 4 × (3 + 5) × 2

☐ 4 × 3 + 5 × 2   ☐ 4 + 3 × 5 + 2

b) Conte as flores e indique o número total: _____ flores.

c) Calcule o valor das expressões e confira sua escolha no item **a**.

9 × (3 + 2) = _____   4 × (3 + 5) × 2 = _____

4 × 3 + 5 × 2 = _____   4 + 3 × 5 + 2 = _____

2 Em cada item, escreva a expressão numérica correspondente entre estas abaixo. Escreva também o resultado, que indica o total.

| (5 + 3) × 2 | 5 + 3 × 2 | 3 × 5 + 2 |

a) 1 nota de R$ 5,00 e 3 notas de R$ 2,00.

Expressão: _____ Total: R$ _____

b) 8 notas de R$ 2,00.

Expressão: _____ Total: R$ _____

c) 3 notas de R$ 5,00 e 1 nota de R$ 2,00.

Expressão: _____ Total: R$ _____

3 Calcule o valor de mais estas expressões numéricas.

a) $14 + 16 \div 2 =$ _____

b) $(14 + 16) \div 2 =$ _____

c) $25 - 12 + 7 =$ _____

d) $40 \div 4 \div 2 =$ _____

e) $40 \div (4 \div 2) =$ _____

f) $6 + 3 \times 5 - 1 =$ _____

g) $18 \div 6 - 3 =$ _____

h) $18 \div (6 - 3) =$ _____

4 Complete com o número que falta para que a expressão numérica tenha o valor indicado.

a) $5 +$ ____ $\times 3 = 17$

b) $6 \times (4 -$ ____ $) = 18$

c) $20 -$ ____ $- 1 = 10$

d) $2 + 2 \times$ ____ $+ 2 = 16$

5 Calcule o valor das expressões numéricas abaixo e registre seu valor. Não se esqueça desta ordem:
1º) nos parênteses ( )   2º) nos colchetes [ ]   3º) nas chaves { }

a) $2 + \{5 + [9 - (6 + 3 - 1) + 4] - 1\} =$ _____

b) $\{100 - 4 \times [24 \div (9 - 1)] - 2 \times 5\} + 1 =$ _____

6 CALCULADORA

Use uma calculadora e determine o valor destas expressões.

a) $1\,843 - 81 \times 17 =$ _____

b) $(1\,843 - 81) \times 17 =$ _____

7

Use a propriedade distributiva da multiplicação em relação à adição e calcule os produtos como no exemplo.

$7 \times 142 = 7 \times 100 + 7 \times 40 + 7 \times 2 =$
$\qquad = 700 + 280 + 14 = 994$

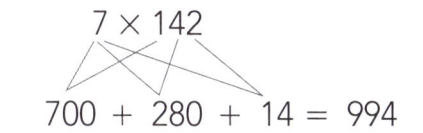

ou

7×142

$700 + 280 + 14 = 994$

a) 5×37

b) 8×509

8 NÚMEROS PRIMOS

Responda:

a) 7 é um número primo? _____ Por quê? _____

_____

b) 25 é um número primo? _____ Por quê? _____

_____

c) Quais são os números primos até 40? _____, _____, _____, _____,

_____, _____, _____, _____, _____, _____, _____ e _____.

9

Escreva os números como multiplicação de números primos.

a) $33 =$ _____ × _____

c) $34 =$ _____ × _____

b) $20 =$ _____ × _____ × _____

d) $45 =$ _____ × _____ × _____

10 MÍNIMO MÚLTIPLO COMUM (MMC)

- Escreva as sequências:

  a) Múltiplos de 10. → M(10): _____, _____, _____, _____, _____, _____, ...

  b) Múltiplos de 15. → M(15): _____, _____, _____, _____, _____, _____, ...

  c) Múltiplos comuns de 10 e 15, ou seja, múltiplos de 10 e 15 ao mesmo tempo. → MC(10, 15): _____, _____, _____, _____, ...

- Considerando essas sequências, indique:

  a) O mínimo múltiplo comum (mmc) de 10 e 15, ou seja, o menor múltiplo comum de 10 e 15, excluindo o zero. → _____

  b) Como representamos simbolicamente. → _____

11 Represente as sequências:

a) Múltiplos de 8. → M(8): _____, _____, _____, _____, _____, _____, ...

b) Múltiplos de 6. → _____: _____, _____, _____, _____, _____, _____, ...

c) Múltiplos de 9. → _____: _____, _____, _____, _____, _____, _____, ...

d) Múltiplos de 4. → _____: _____, _____, _____, _____, _____, _____, ...

Agora, use as sequências acima, descubra e complete:

a) mmc(8, 6) = _____

b) mmc(6, 9) = _____

c) mmc(8, 4) = _____

d) mmc(9, 4) = _____

e) mmc(4, 6) = _____

f) mmc(4, 6, 8) = _____

12 **MÁXIMO DIVISOR COMUM (MDC)**

- Escreva as sequências:

    a) Divisores de 20. → D(20): _____, _____, _____, _____, _____, _____.

    b) Divisores de 12. → D(12): _____, _____, _____, _____, _____, _____.

    c) Divisores comuns de 20 e 12, ou seja, divisores de 20 e 12 ao mesmo tempo. → DC(20, 12): _____, _____, _____.

- Considerando essas sequências, indique:

    a) O máximo divisor comum (mdc) de 20 e 12, ou seja, o maior entre os divisores comuns de 20 e 12. → _____

    b) Como representamos simbolicamente. → _____

13 Represente as sequências:

a) Divisores de 10. → D(10): _____

b) Divisores de 16. → _____ : _____

c) Divisores de 9. → _____ : _____

d) Divisores de 28. → _____ : _____

e) Divisores de 5. → _____ : _____

Agora, use as sequências acima, descubra e registre:

a) mdc(10, 16) = _____

b) mdc(16, 28) = _____

c) mdc(10, 5) = _____

d) mdc(9, 5) = _____

e) mdc(9, 28) = _____

f) mdc(28, 10) = _____

14 Em uma padaria, 120 biscoitos de mel foram repartidos igualmente em 10 pacotes e 300 biscoitos de nata foram repartidos igualmente em 15 pacotes.

Assinale a expressão que indica quantos biscoitos cada pacote com biscoitos de nata tem a mais do que cada pacote com biscoitos de mel. Depois, calcule e indique o valor da expressão assinalada.

Biscoitos.

$300 \div (15 - 10)$ $(300 - 120) \div (15 - 10)$ $300 \div 15 - 120 \div 10$

↓   ↓   ↓

_____ biscoitos   _____ biscoitos   _____ biscoitos

15 **DESAFIO**

Reparta os 2 segmentos de reta abaixo em partes iguais.
Mas atenção: o tamanho das partes deve ser o mesmo nos 2 segmentos e deve ser o maior possível.

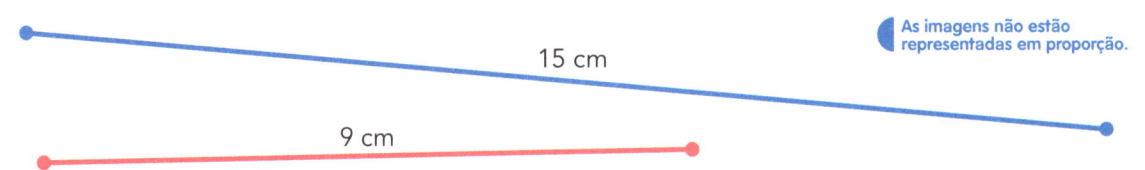

15 cm

9 cm

As imagens não estão representadas em proporção.

16 Em um terminal de ônibus, os ônibus da linha **A** partem de 15 em 15 minutos e os da linha **B** partem de 20 em 20 minutos.

Ônibus da linha **A**.

a) Às 7 horas da manhã partem ônibus tanto da linha **A** como da linha **B**. Qual é o horário seguinte em que isso acontece?

_____

b) Complete com 3 horários em cada caso, sempre a partir das 7 horas.

Ônibus da linha **B**.

- Partem ônibus da linha **A**. → _____, _____ e _____.

- Partem ônibus da linha **B**. → _____, _____ e _____.

- Partem ônibus das linhas **A** e **B**. → _____, _____ e _____.

17 **CONSTRUÇÃO E INTERPRETAÇÃO DE UM GRÁFICO DE BARRAS**

Complete o gráfico de acordo com as informações. Depois, responda.

Vendas na livraria Boa Leitura

Gráfico elaborado para fins didáticos.

- Segunda-feira: 12 livros a mais do que no domingo.
- Terça-feira: o dobro do domingo.
- Quarta-feira: 8 livros a menos do que na terça-feira.
- Quinta-feira: a mesma quantidade da segunda-feira.
- Sexta-feira: a metade do sábado.
- Sábado: os totais do domingo e da quarta-feira juntos.

a) O que está sendo indicado no eixo horizontal?

_____

b) O que está sendo indicado no eixo vertical?

_____

c) Quantos livros foram vendidos na semana toda? _____

d) Em que dia foram vendidos mais livros? _____

Quantos livros? _____

18 Analise os gráficos e descubra o número de alunos em cada classe de 4º ano e de 5º ano da escola de Fausto.

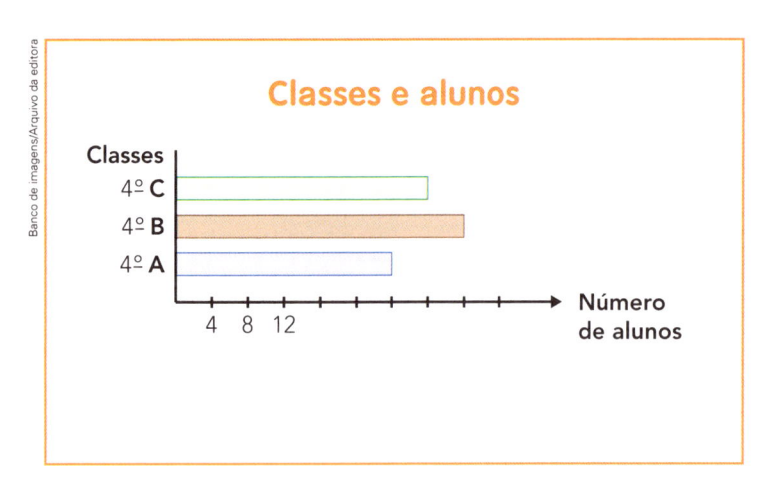

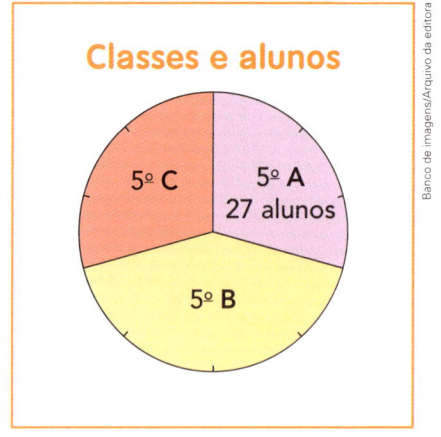

Classes e alunos

(Gráfico de barras: 4º C = 12; 4º B = 16; 4º A = 12)

Classes e alunos

(Gráfico de setores: 5º A = 27 alunos; 5º B; 5º C)

Gráficos elaborados para fins didáticos.

4º A: _____   4º B: _____   4º C: _____

5º A: 27   5º B: _____   5º C: _____

Agora, complete de acordo com os números obtidos.

a) O número total de alunos do 5º ano é _____.

b) O número total de alunos do 4º ano é _____.

c) O 4º ano tem _____ alunos a _____ do que o 5º ano.

d) O 4º B tem 8 alunos a mais do que o _____.

e) O _____ e o _____ têm o mesmo número de alunos.

f) Das 6 classes, a que tem menos alunos é o _____, com _____ alunos.

g) Multiplicando o número de alunos do _____ por 2 obtemos 56.

h) Dividindo o número de alunos do _____ por 4 obtemos 9.

19 **MÉDIAS**

Calcule e complete:

a) A média entre os números 11, 15, 21 e 17 é igual a _____.

b) A média entre 147 e 195 é igual a _____.

c) Na atividade 18, a média entre os alunos do 4º ano é de _____ alunos por classe.

20 Um jardineiro colheu 87 rosas na segunda-feira, 58 cravos na terça-feira, 92 copos-de-leite na quarta-feira, 72 margaridas na quinta-feira e 61 hortênsias na sexta-feira. Qual foi o número médio de flores que ele colheu por dia?

_____

21 Em um zoológico, em média o número de visitantes na sexta-feira, no sábado e no domingo foi de 533 visitantes por dia. Descubra e registre o número de visitantes no domingo.

Sexta-feira: 383 visitantes.

Sábado: 590 visitantes.

Domingo: _____ visitantes.

22 Observe o gráfico com a produção mensal de uma fábrica de televisores no primeiro semestre de um ano. Depois, responda às questões propostas.

Produção mensal

Gráfico elaborado para fins didáticos.

a) Quantas unidades foram produzidas em maio? _____

b) Em que mês a produção foi maior? _____

c) De fevereiro para março a produção aumentou ou diminuiu? _____

Em quantas unidades? _____

d) E de março para abril? _____

e) Qual foi, em média, a produção mensal no 1º semestre?

_____

23 Pessoas de vários países participaram de uma excursão para Salvador, na Bahia.

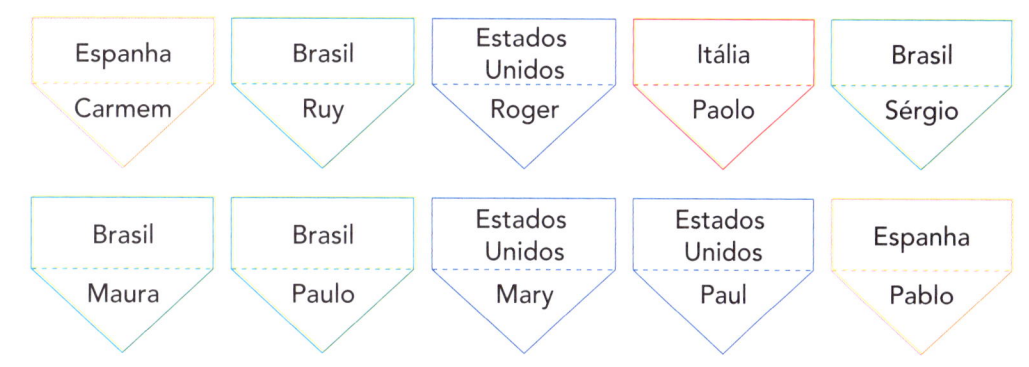

Espanha	Brasil	Estados Unidos	Itália	Brasil
Carmem	Ruy	Roger	Paolo	Sérgio

Brasil	Brasil	Estados Unidos	Estados Unidos	Espanha
Maura	Paulo	Mary	Paul	Pablo

- Organize as informações sobre a nacionalidade dos participantes, completando a tabela, o gráfico de barras e o gráfico de setores de acordo com o número de turistas por país.

Nacionalidade dos participantes da excursão

País	Marcas	Número de turistas
Brasil (BRA)	☐	
Estados Unidos (EUA)		
Espanha (ESP)		
Itália (ITA)		

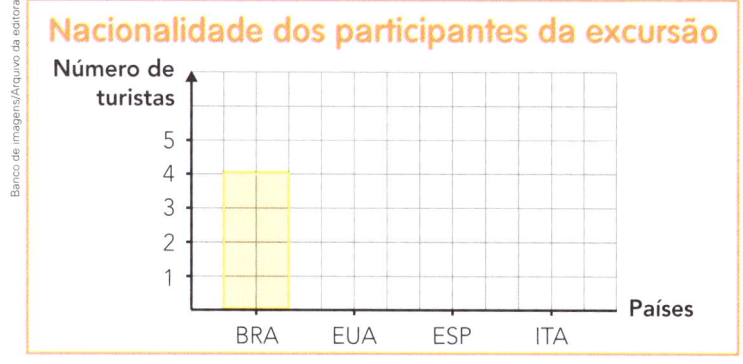

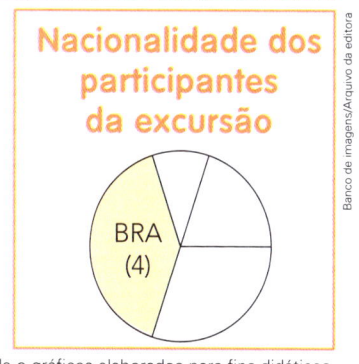

- Responda ou complete.

a) Que título você daria para esses gráficos? _____

b) Quantas pessoas participaram da excursão? _____

c) Havia mais pessoas de qual país? _____

d) O número de espanhóis adicionado ao de _____ resulta no número de _____.

Unidade 6

Frações

1 Indique a fração correspondente à parte pintada de cada região plana. Depois, escreva como se lê a fração.

a)

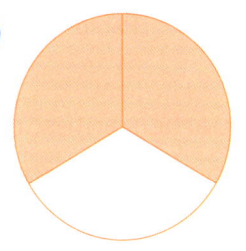

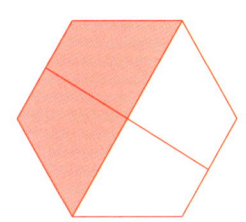

b)

c)

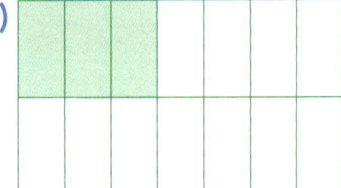

d)

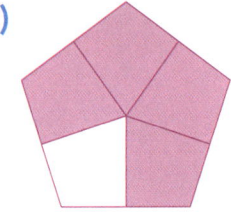

Agora, responda:

a) Em qual das frações acima o 3 é o numerador da fração? _____

b) Qual é o nome dado ao 5 na fração $\frac{4}{5}$? _____

2 Descreva uma maneira de realizar os seguintes procedimentos:

a) Pintar $\frac{5}{6}$ de uma região plana: _____

b) Calcular $\frac{5}{6}$ de um número: _____

Agora, pinte $\frac{5}{6}$ da região retangular e calcule $\frac{5}{6}$ de 18.

$\frac{5}{6}$ de 18 = _____

3 Observe os círculos pintados e complete, considerando o total de círculos.

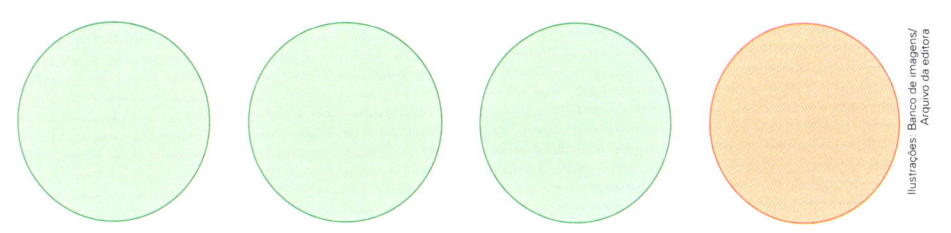

a) Círculos verdes: _____ em _____ ou _____ do total.

b) Círculo laranja: _____ em _____ ou _____ do total.

4 Calcule mentalmente e complete.

a) $\dfrac{1}{2}$ de 60 = _____

b) $\dfrac{2}{3}$ de 15 = _____

c) $\dfrac{1}{5}$ de 40 = _____

d) $\dfrac{3}{7}$ de 21 = _____

e) $\dfrac{5}{6}$ de 42 = _____

f) $\dfrac{7}{10}$ de 90 = _____

5 FRAÇÕES E MEDIDAS

- Complete.

a) 1 hora = _____ minutos

b) 1 ano = _____ meses

c) 1 metro = _____ centímetros

d) 1 tonelada = _____ quilogramas

e) 1 centímetro = _____ milímetros

f) 1 quilograma = _____ gramas

- Agora, calcule e registre.

a) $\dfrac{3}{4}$ de hora = _____ min

b) $\dfrac{1}{2}$ ano = _____ meses

c) $\dfrac{2}{5}$ de metro = _____ cm

d) $\dfrac{7}{10}$ de tonelada = _____ kg

e) $\dfrac{4}{5}$ de centímetro = _____ mm

f) $\dfrac{1}{4}$ de quilograma = _____ g

6 Indique o número natural correspondente a cada fração.

a) $\dfrac{5}{5} =$ _____ c) $\dfrac{6}{3} =$ _____ e) $\dfrac{30}{10} =$ _____

b) $\dfrac{8}{2} =$ _____ d) $\dfrac{28}{4} =$ _____

7 **NÚMEROS MISTOS**

Considerando o círculo como unidade, as partes pintadas na figura ao lado correspondem a $1\dfrac{1}{4}$.

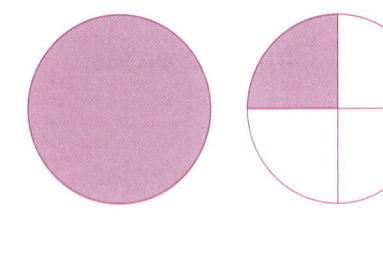

Veja: $1\dfrac{1}{4} = 1 + \dfrac{1}{4} = \dfrac{4}{4} + \dfrac{1}{4} = \dfrac{5}{4}$.

Faça o mesmo nas figuras abaixo. Escreva o número misto e, depois, a fração correspondente à parte pintada.

a)

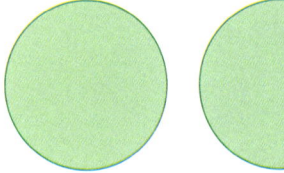

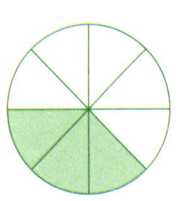

b)

_____

8 Indique o número natural ou o número misto correspondente a cada fração ou vice-versa.

a) $\dfrac{8}{4} =$ _____

b) $3\dfrac{1}{2} =$ _____

c) $\dfrac{9}{4} =$ _____

d) $3 = \dfrac{12}{}$ ou $\dfrac{}{5}$ ou $\dfrac{}{3}$

e) $7\dfrac{2}{5} =$ _____

f) $\dfrac{7}{7} =$ _____

9 Responda e dê exemplos.

a) Como é o valor de uma fração própria?

_____

b) Como é o valor de uma fração imprópria?

_____

10 Observe as figuras e escreva, em cada uma, a fração correspondente à parte pintada.

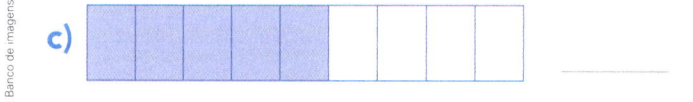

a)

b)

c)

d)

Agora, responda e justifique: quais dessas frações são equivalentes?

_____

11 Complete para que as frações sejam equivalentes.

a) $\dfrac{2}{3} = \dfrac{6}{}$

b) $\dfrac{2}{3} = \dfrac{}{6}$

c) $\dfrac{20}{35} = \dfrac{}{7}$

d) $\dfrac{45}{18} = \dfrac{}{2}$

e) $\dfrac{1}{5} = \dfrac{3}{}$

f) $\dfrac{7}{7} = \dfrac{4}{}$

g) $\dfrac{14}{4} = \dfrac{}{10}$

h) $\dfrac{3}{} = \dfrac{1}{6}$

i) $\dfrac{6}{3} = \dfrac{10}{}$

12) Use simplificação de frações para resolver as questões abaixo.

a) Pinte $\dfrac{7}{28}$ da figura.

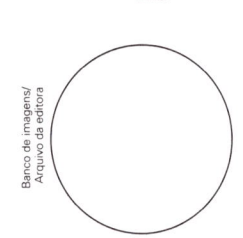

b) Complete:

$\dfrac{12}{18}$ de R$ 210,00 = _____.

13) Assinale com **X** as frações irredutíveis e simplifique as demais até obter uma fração irredutível.

☐ $\dfrac{24}{33}$ _____

☐ $\dfrac{17}{37}$ _____

☐ $\dfrac{8}{15}$ _____

☐ $\dfrac{18}{45}$ _____

☐ $\dfrac{8}{20}$ _____

☐ $\dfrac{30}{90}$ _____

14) Escreva uma sequência de frações equivalentes à fração dada.

a) Frações equivalentes a $\dfrac{3}{7}$ → _____, _____, _____, _____, _____, ...

b) Frações equivalentes a $\dfrac{4}{10}$ → _____, _____, _____, _____, _____, ...

15) Descubra e registre.

a) A fração de denominador 30 equivalente a $\dfrac{5}{6}$ → _____

b) A fração de numerador 30 equivalente a $\dfrac{5}{6}$ → _____

c) Duas frações de mesmo denominador, sendo a primeira equivalente a $\dfrac{1}{4}$ e a segunda equivalente a $\dfrac{3}{10}$ → _____ e _____

16 Pinte os quadros das frações de acordo com seus valores. Veja as cores a serem usadas:

| Metade da unidade | Mais do que a metade | Menos do que a metade |

$\frac{3}{6}$ $\frac{5}{8}$ $\frac{3}{10}$ $\frac{1}{5}$ $\frac{2}{3}$ $\frac{1}{2}$ $\frac{3}{4}$ $\frac{5}{12}$ $\frac{4}{8}$

17 Compare as frações colocando >, < ou = no ☐.

a) $\frac{3}{7}$ ☐ $\frac{2}{7}$

b) $\frac{1}{9}$ ☐ $\frac{4}{9}$

c) $\frac{5}{6}$ ☐ $\frac{2}{2}$

d) $\frac{1}{2}$ ☐ $\frac{3}{6}$

e) $\frac{8}{2}$ ☐ $\frac{10}{5}$

f) $\frac{3}{8}$ ☐ $\frac{5}{6}$

g) $\frac{1}{3}$ ☐ $\frac{1}{2}$

h) $\frac{7}{20}$ ☐ $\frac{13}{40}$

i) $\frac{3}{7}$ ☐ $\frac{2}{5}$

18 Analise as frações em cada item. Arranje-as na ordem solicitada e, depois, localize-as no local correto na reta numerada.

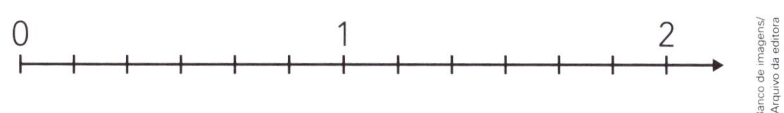

a) $\frac{5}{6}, \frac{2}{6}, \frac{6}{6}$ e $\frac{3}{6}$ em ordem crescente. → ☐/☐ , ☐/☐ , ☐/☐ e ☐/☐

b) $\frac{2}{3}, \frac{4}{2}$ e $\frac{7}{6}$ em ordem decrescente. → ☐/☐ , ☐/☐ e ☐/☐

0 — 1 — 2

19 Efetue a operação indicada. Quando possível, simplifique o resultado e transforme-o em número inteiro ou misto.

a) $\dfrac{3}{8} + \dfrac{3}{8} =$ _____

b) $\dfrac{5}{7} + \dfrac{1}{2} =$ _____

c) $\dfrac{7}{5} - \dfrac{2}{5} =$ _____

d) $\dfrac{3}{4} - \dfrac{1}{6} =$ _____

e) $2 - 1\dfrac{2}{3} =$ _____

f) $3 \times \dfrac{2}{7} =$ _____

g) $4 \times \dfrac{1}{2} =$ _____

h) $\dfrac{5}{8} \div 2 =$ _____

i) $\dfrac{3}{4} \div \dfrac{3}{3} =$ _____

j) $8 \div 14 =$ _____

20 Do total de material reciclável coletado e pesado em uma cidade, $\dfrac{2}{5}$ foram de papel e $\dfrac{1}{3}$, de vidro. Responda:

a) Foi coletado mais papel ou mais vidro?

b) Que parte do total corresponde aos outros materiais coletados (metal e plástico)? _____

21 Na atividade anterior, se o total de material reciclável coletado fosse de 300 toneladas, quantas toneladas seriam de papel? _____

22 Em uma classe com 30 alunos, $\frac{2}{5}$ são meninos e $\frac{1}{6}$ das meninas são loiras. Responda:

a) Quantas meninas loiras há nessa classe? _____

b) As meninas loiras representam que parte da classe? _____

23 **DESAFIO**

Pinte $\frac{2}{7}$ da região plana cujo contorno está desenhado ao lado.

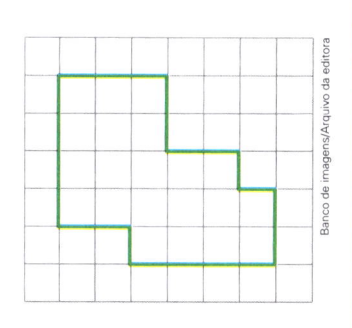

24 A linha preta indica o caminho que um carro está percorrendo para ir de **A** até **B**. Ele já percorreu $\frac{5}{9}$ do trajeto e está no ponto **C**.

- Localize e assinale o ponto **C**.

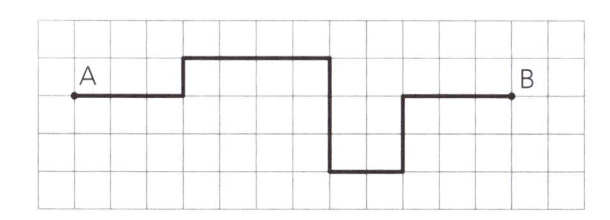

- Observe ao lado a escala em que o desenho foi feito, calcule as distâncias e registre.

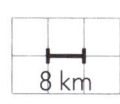

    a) Caminho todo: _____ km.

    b) Já percorridos: _____ km.

    c) Faltam: _____ km.

25 Veja alguns produtos que estão à venda em uma loja de móveis.

As imagens não estão representadas em proporção.

Colchão. R$?

Estante. R$ 1 800,00

Cômoda. R$ 360,00

a) O preço do colchão corresponde a $\frac{3}{10}$ do preço da estante.

Qual é o preço do colchão? _____

b) Complete com $\frac{7}{9}$, $\frac{2}{3}$ ou $\frac{5}{6}$.

O preço da cômoda corresponde a _____ do preço do colchão.

c) Joaquim comprou os 3 produtos, pagou $\frac{2}{5}$ do total de entrada e vai pagar o restante em 3 prestações iguais. Qual será o valor de cada prestação?

_____

Unidade 7

Porcentagem e probabilidade

1) PORCENTAGENS

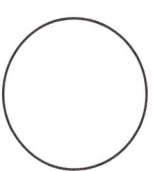

a) Pinte 100% (cem por cento) da figura ao lado.

b) Pedro tinha R$ 45,00 e gastou 100% dessa quantia na compra de uma camiseta. A camiseta custou R$ _____.

c) Pinte 50% da figura desenhada ao lado.

d) Em uma classe que tem 30 alunos, 50% são meninos.

Então, _____ % da classe são meninas. Nessa classe

há _____ meninos e _____ meninas.

e) Pinte 25% da figura ao lado.

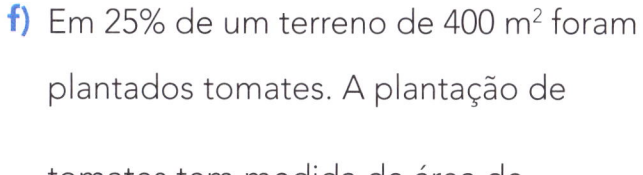

f) Em 25% de um terreno de 400 m² foram plantados tomates. A plantação de tomates tem medida de área de _____ m².

2) Escreva a fração irredutível correspondente a cada porcentagem.

a) 8% = _____

b) 12% = _____

c) 80% = _____

d) 19% = _____

e) 54% = _____

f) 40% = _____

3 Indique na forma de porcentagem.

a) $\dfrac{43}{100}=$ _____

b) $\dfrac{7}{20}=$ _____

c) 8 em 50 = _____

d) $\dfrac{1}{5}=$ _____

e) $\dfrac{44}{200}=$ _____

f) $1\dfrac{1}{2}=$ _____

4 Compare e escreva >, < ou = em cada ☐.

a) $\dfrac{4}{5}$ ☐ 81%

b) $\dfrac{12}{25}$ ☐ 45%

c) 65% ☐ $\dfrac{3}{5}$

d) 35% ☐ $\dfrac{7}{20}$

5 Cada 5º ano da escola precisa arrecadar 40 kg de alimentos não perecíveis para doar a uma instituição. O 5º ano **A** já alcançou 62% do objetivo. O 5º ano **B** já atingiu $\dfrac{3}{5}$ do objetivo. Qual classe já conseguiu mais alimentos? _____

6 Represente a parte pintada de cada figura usando fração e porcentagem.

a) _____

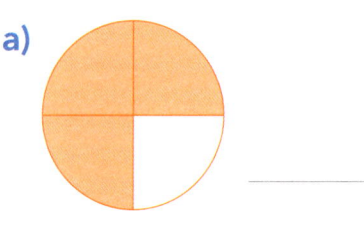

b) _____

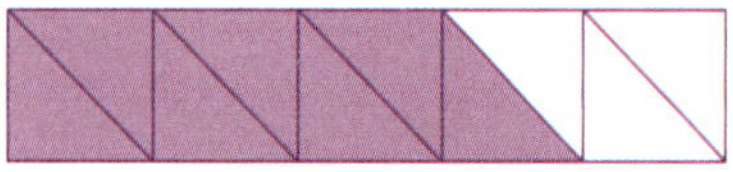

c) _____

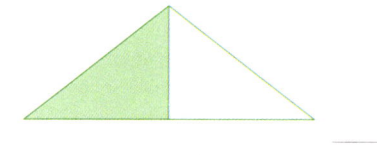

d) _____

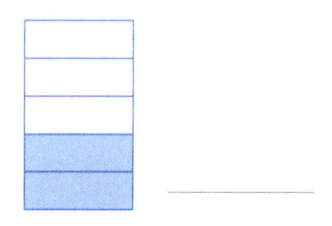

7 Calcule:

a) 10% de 50 = _____

b) 20% de 400 = _____

c) 70% de 60 = _____

d) 25% de 80 = _____

e) 15% de 180 = _____

f) 50% de R$ 42,00 = _____

8 Resolva e responda.

a) Um automóvel já percorreu 60% de uma distância de 300 km. Quantos quilômetros ainda faltam para completar essa distância? _____

b) O preço de um computador é R$ 1 800,00. Comprando à vista, a loja dá um desconto de 5%. Se uma pessoa comprá-lo à vista, quanto pagará por esse computador? _____

9 Girando o ponteiro da roleta ao lado, escreva, na forma de fração e de porcentagem, a probabilidade de:

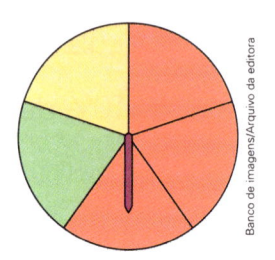

a) sair laranja: _____

b) não sair laranja: _____

10 Em uma caixa há 5 bolas azuis, 3 bolas vermelhas e 2 bolas brancas. Retirando-se ao acaso uma dessas bolas, escreva, na forma de fração e de porcentagem, qual é a probabilidade de sair:

a) 1 bola azul

b) 1 bola vermelha

c) 1 bola branca

11 Escreva na forma de fração. No lançamento de um dado de 6 faces, qual é a probabilidade:

a) de sair o 3?

b) de sair número par?

c) de sair o 7?

12 Na classe de Marcos e de Rosana foi feita uma pesquisa com a seguinte pergunta:

> Qual é seu esporte favorito entre futebol, natação, tênis e voleibol?

• Complete a tabela e o gráfico de setores referentes a essa pesquisa.
A circunferência está dividida em 10 partes iguais.
Use as mesmas cores da tabela no gráfico de setores.

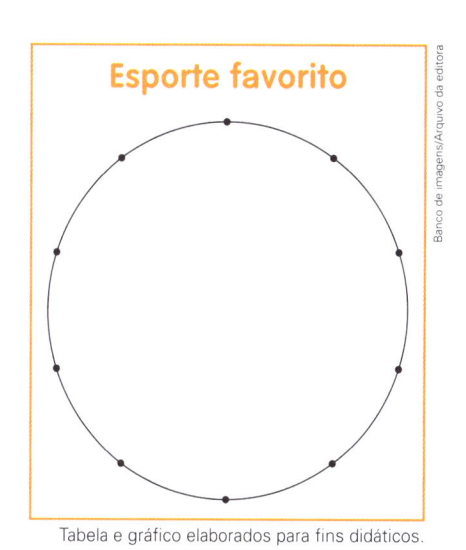

Esporte favorito

Esportes	Marcas	Número de votos	Porcentagens
Futebol	⊠⊠⌊		
Natação	⊠∣		
Tênis	⌊⌋		
Voleibol	⊠☐		

Esporte favorito

Tabela e gráfico elaborados para fins didáticos.

• Agora, complete as afirmações usando os dados da tabela e do gráfico.

a) O esporte mais votado foi _____, com _____ votos.

b) O esporte menos votado foi _____, com _____ % dos votos.

c) _____ % dos votantes não escolheram voleibol.

d) _____ votantes não escolheram natação.

e) 9 meninos escolheram futebol. Então, _____ meninas escolheram futebol.

f) O voleibol teve _____ votos a mais do que o tênis.

Unidade 8

Mais Geometria

1) Use a régua para traçar as figuras indicadas: segmento de reta $\overline{AB}$, reta $\overleftrightarrow{CD}$ e semirreta $\overrightarrow{EF}$.

A B

F

E

D
C

2) Em cada item, trace as duas semirretas para construir o ângulo indicado. Depois, escreva se ele é reto, agudo ou obtuso.

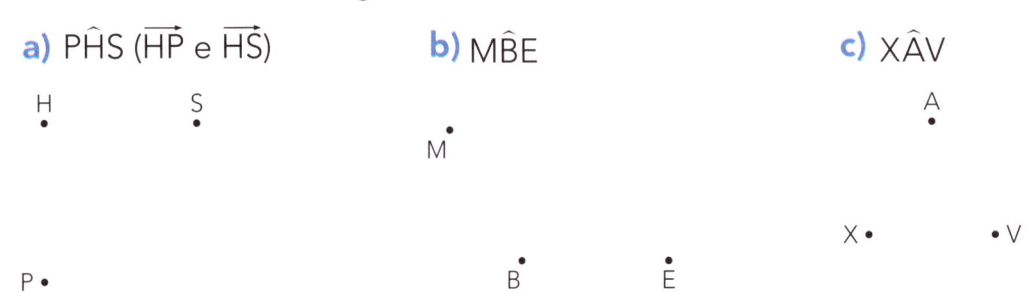

a) PĤS ($\overrightarrow{HP}$ e $\overrightarrow{HS}$)

H   S

P

b) MB̂E

M

B   E

c) XÂV

A

X   V

3) Usando um transferidor, escreva as medidas de abertura dos ângulos desenhados na malha quadriculada.

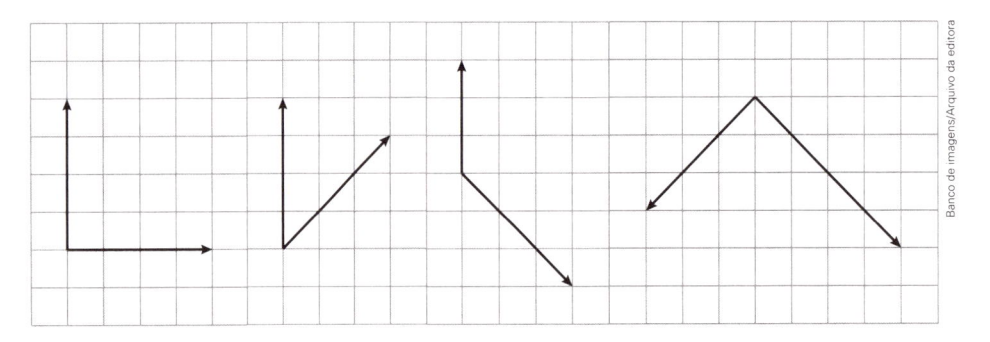

4 Todos os círculos estão divididos em partes iguais. Represente os ângulos indicados em verde e registre suas medidas de abertura.

a)

b)

c)

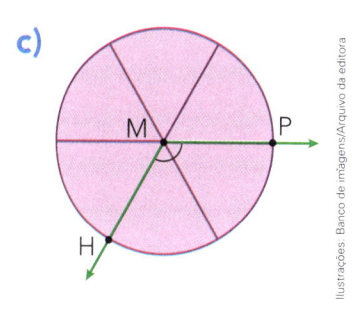

AB̂C = _____   _____ = _____   _____ = _____

5 Escreva **paralelas**, **concorrentes perpendiculares** ou **concorrentes não perpendiculares** para descrever a posição relativa de cada par de retas.

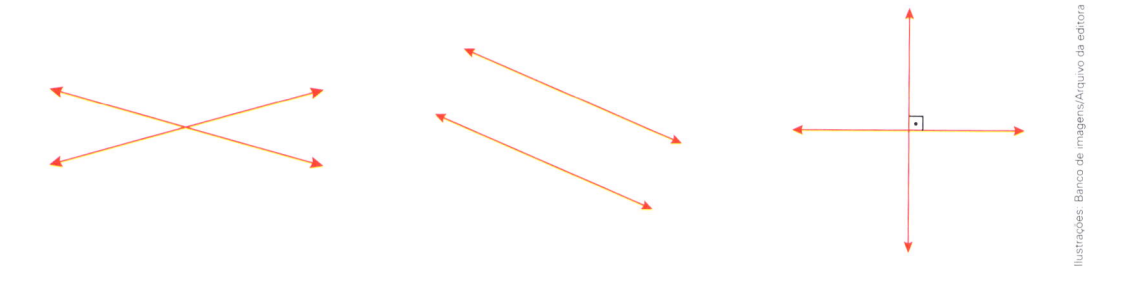

_____   _____   _____

6 Trace as retas de acordo com o indicado:

a) Reta **r** que passa pelo ponto **A** de modo que **r** e **s** sejam retas concorrentes perpendiculares.

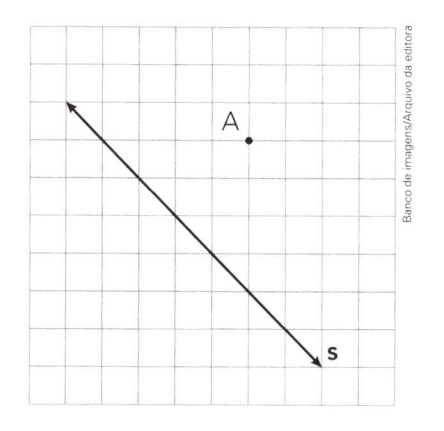

b) Reta **m** que passa pelo ponto **P**, de modo que **m** e **n** sejam retas paralelas.

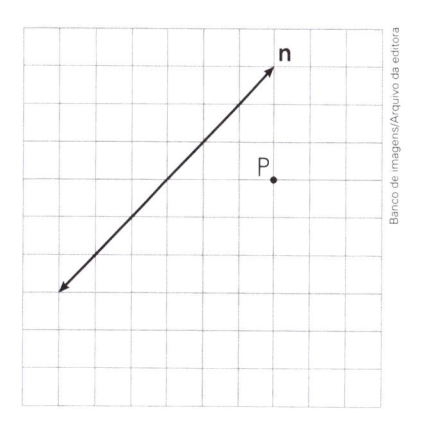

7 Escreva se cada figura é ou não um polígono. Em caso positivo, escreva o número de lados e o nome dado ao polígono de acordo com esse número.

Ilustrações: Banco de imagens/Arquivo da editora

a)

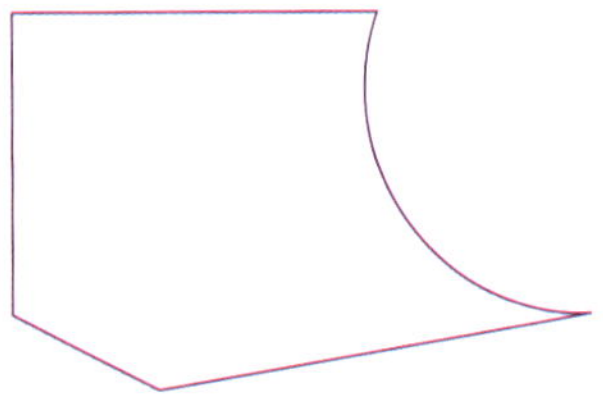

b)

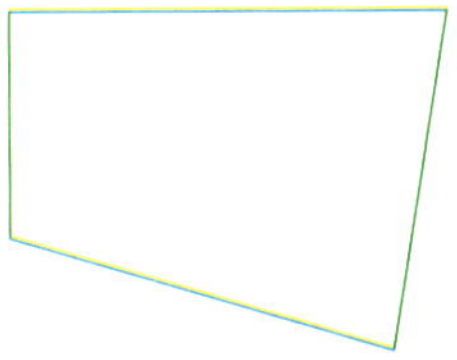

c)

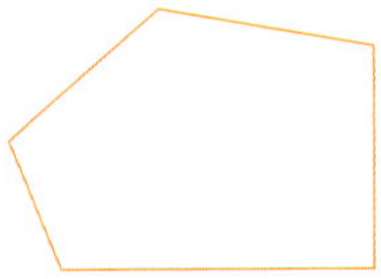

d)

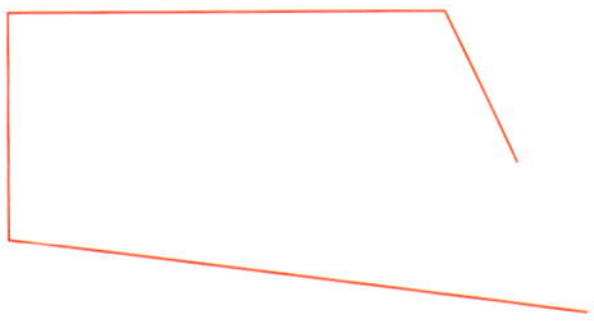

e)

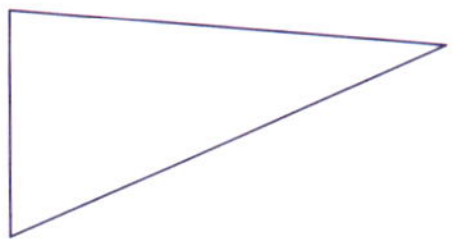

8 Escreva como deve ser um polígono para ser chamado de polígono regular.

Agora, assinale com **X** os polígonos regulares.

Ilustrações: Banco de imagens/Arquivo da editora

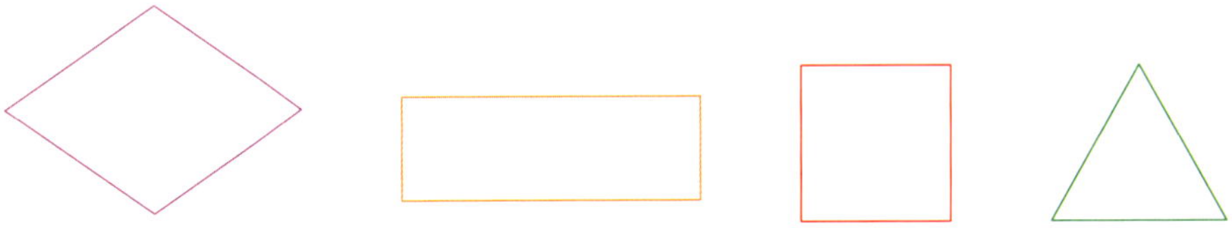

9 Para construir o polígono ABCD, traçamos $\overline{AB}$, $\overline{BC}$, $\overline{CD}$ e $\overline{DA}$. Veja na figura ao lado.

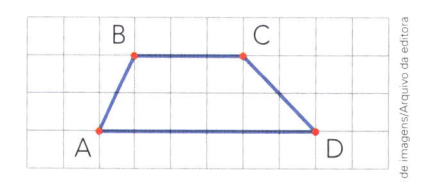

- Use uma régua e construa os seguintes polígonos com lápis ou caneta verde.

    a) EFGH   b) PQR 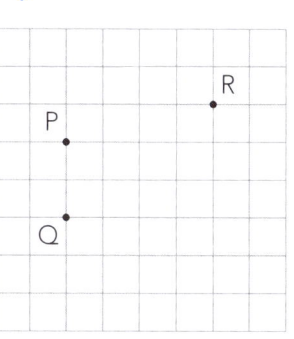   c) MSTU

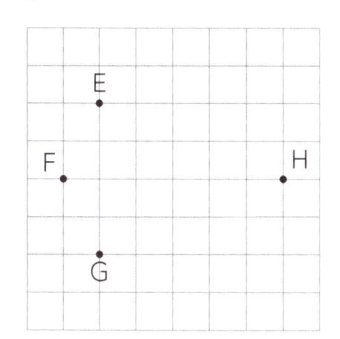

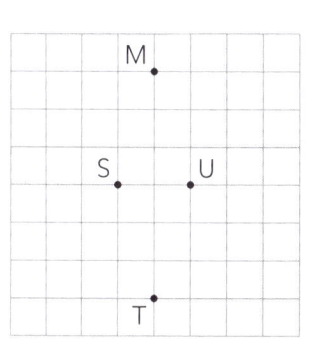

- Responda às questões abaixo e trace os eixos de simetria, quando existirem, usando lápis ou caneta azul e linhas tracejadas.

    a) Qual polígono não apresenta simetria? _____

    b) Qual polígono tem só 1 eixo de simetria? _____

    c) Qual polígono tem mais de 1 eixo de simetria? _____

    Quantos são os eixos de simetria? _____

    d) Qual desses polígonos é um polígono regular? _____

10 Faça o desenho dos seguintes polígonos:

a) Um triângulo retângulo isósceles.   b) Um quadrilátero regular.

11 Observe os polígonos abaixo.

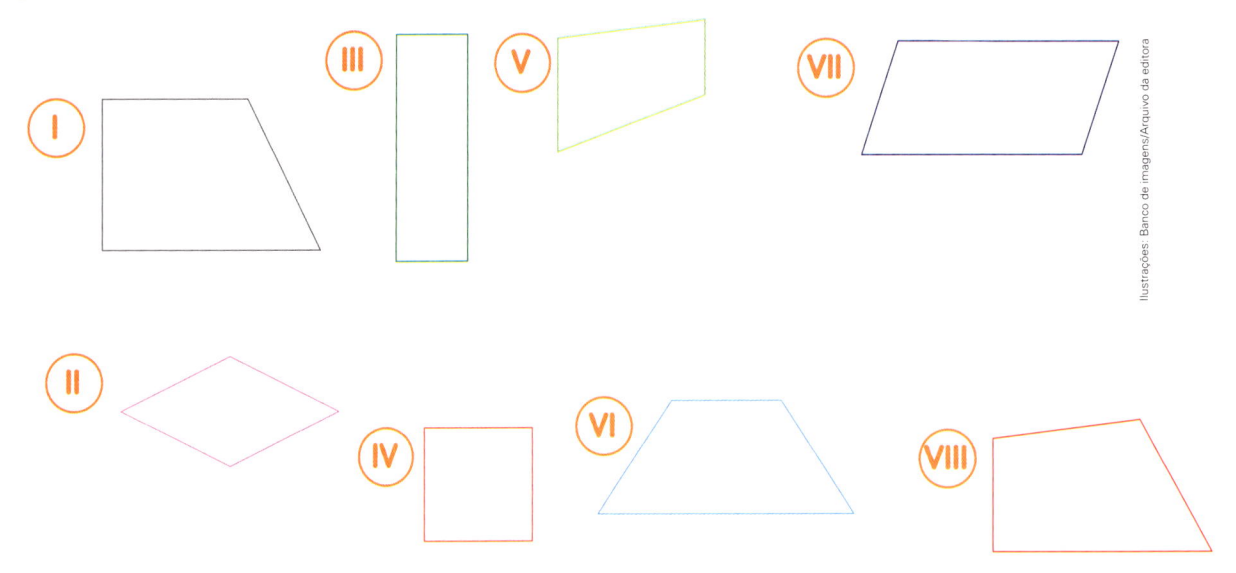

Agora, responda indicando os números correspondentes.

a) Quais são quadriláteros? _____

b) Qual não tem lados paralelos? _____

c) Quais têm apenas 1 par de lados paralelos? _____

d) Quais têm 4 ângulos retos? _____

e) Qual é polígono regular? _____

f) Quais não têm ângulo reto e são paralelogramos? _____

g) Qual é retângulo, mas não é quadrado? _____

h) Qual é losango, mas não é quadrado? _____

12 Observe a figura geométrica desenhada abaixo em cor verde e responda:

a) Que nome ela tem? _____

b) Como se chama o ponto **O**? _____

c) Que nome é dado aos segmentos de reta AO e BO? _____

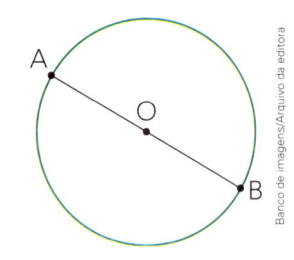

E como são suas medidas de comprimento? _____

d) Que nome é dado ao segmento de reta AB? _____

13 Observe na figura abaixo dois trajetos de **A** até **B**: o trajeto da linha verde e o trajeto da linha vermelha.

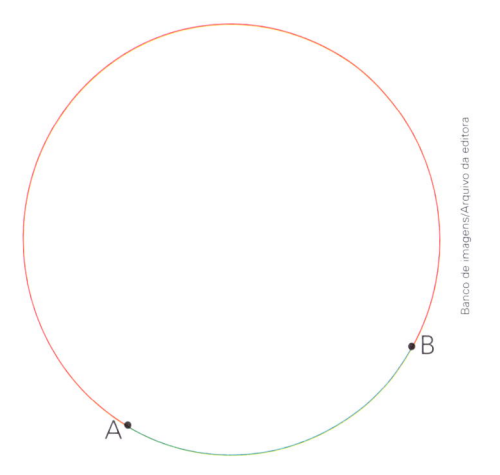

a) Juntando a linha verde com a linha vermelha, que figura obtemos?

_____

b) Use uma régua e trace em azul o trajeto mais curto possível de **A** até **B**.

c) Que nome é dado à figura traçada em azul?

_____

14 Observe as figuras. Em cada item escreva o nome das figuras e quantos pontos comuns elas têm.

a) _____ e _____.

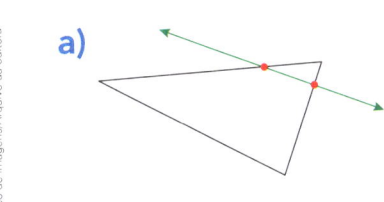

Pontos comuns: _____

b) _____ e _____.

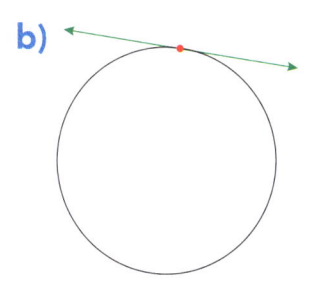

Pontos comuns: _____

c) _____ e _____.

Pontos comuns: _____

15 TESTES

Assinale com **X** o que está sendo pedido em cada item.

a) Ângulo agudo:

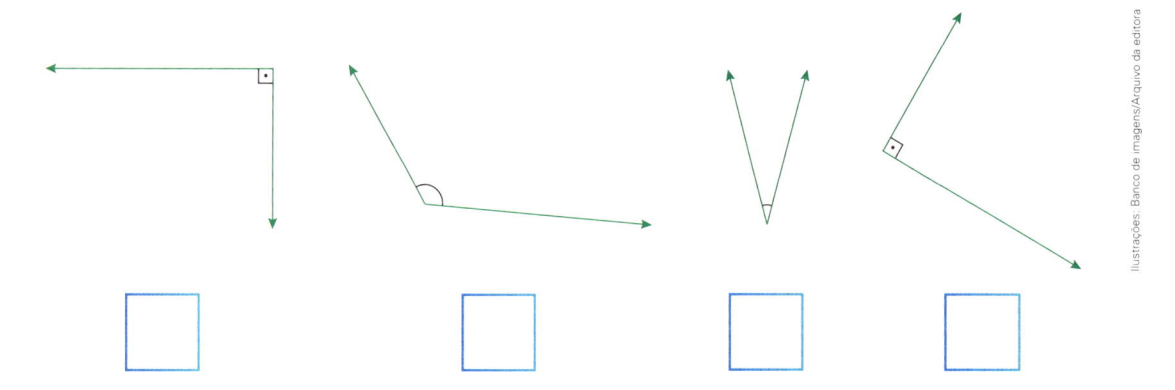

b) Retas concorrentes não perpendiculares:

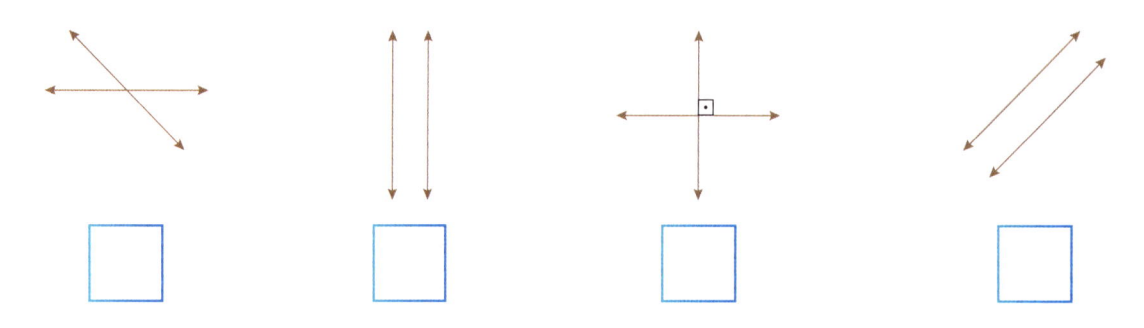

c) Circunferências com dois pontos comuns:

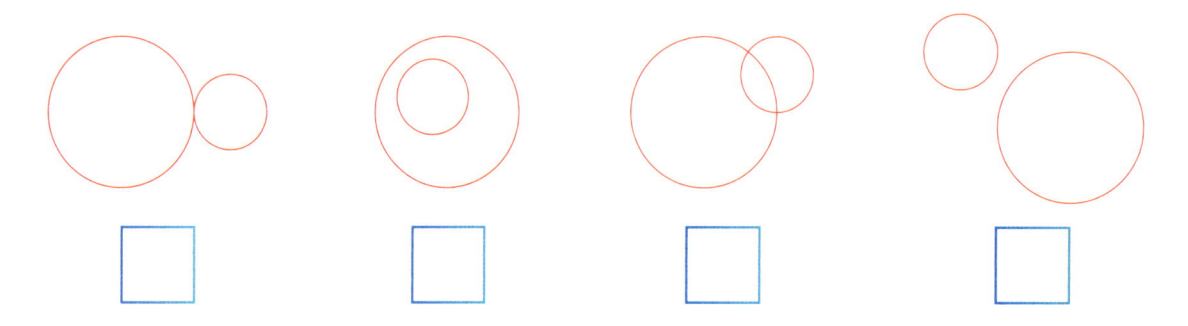

d) Paralelogramo:

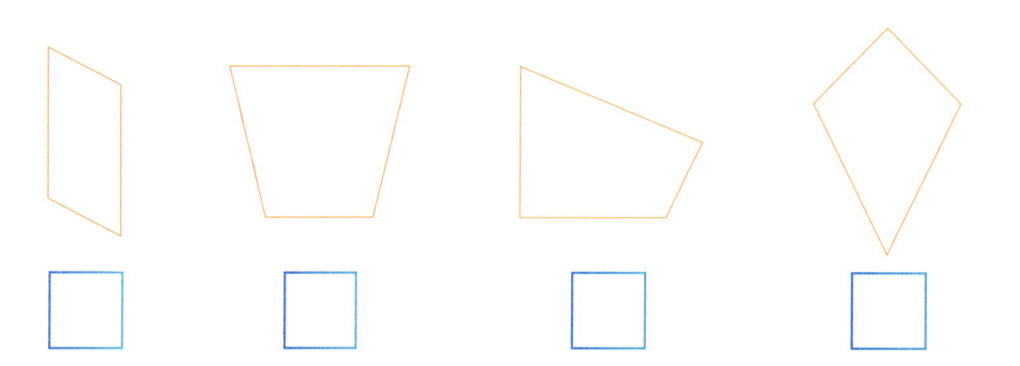

16 O desenho abaixo mostra parte da região central da cidade de Rio Claro, no estado de São Paulo. Veja como são numeradas as ruas e as avenidas.

Coreto na Praça Sargento Otoniel Marques Teixeira, em Rio Claro, SP. Foto de 2017.

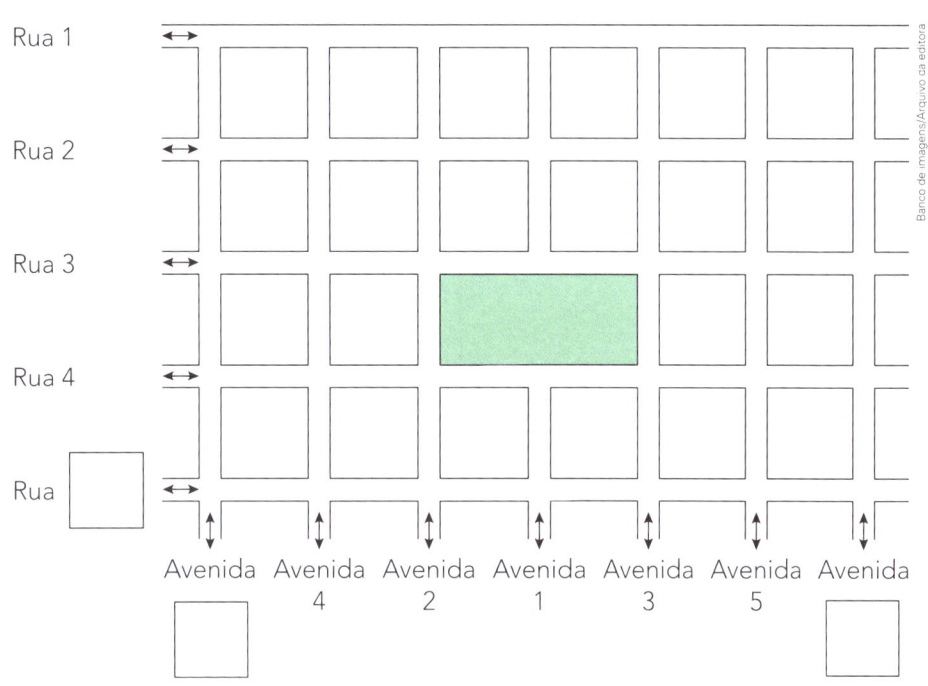

a) Coloque os números da rua e das avenidas nos quadrinhos.

b) O prédio da Prefeitura Municipal fica no cruzamento da rua 3 com a avenida 3. Coloque ▲ nesse cruzamento.

c) A entrada da estação ferroviária fica no encontro da avenida 1 com a rua 1. Coloque ● nesse local.

d) O espaço pintado de verde corresponde ao jardim público. Seu contorno fica nas ruas _____ e _____ e avenidas _____ e _____ .

e) O contorno do jardim público tem a forma de qual polígono?

f) Qual é a posição de 2 ruas, uma em relação à outra?

g) Qual é a posição de 1 rua e 1 avenida, uma em relação à outra?

Unidade 9

Decimais

1 Escreva a fração irredutível e o decimal correspondentes à parte pintada em cada item.

a) Unidade: malha quadriculada.

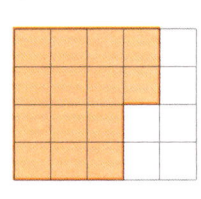

b) Unidade: circunferência.

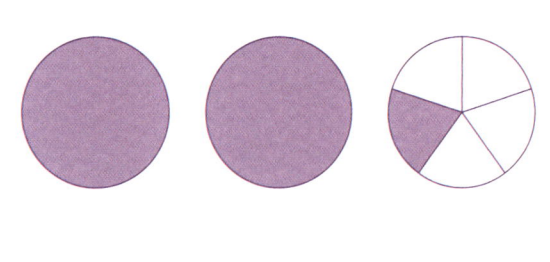

- Agora, escreva os decimais e suas leituras.

a) _____ → _____

b) _____ → _____

2 Pinte a parte da figura correspondente ao indicado.

a) 0,6

b) 0,50

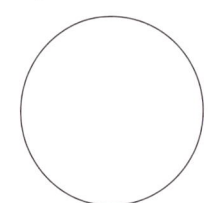

c) 0,125

3 Ligue os valores correspondentes quando tomados em relação à mesma unidade.

75%   60%

0,6 $\frac{3}{50}$

$\frac{1}{5}$ $\frac{3}{4}$

0,06   20%

4 Represente cada decimal como um número inteiro, uma fração irredutível ou um número misto.

a) 0,4 = _____

b) 4,0 = _____

c) 1,7 = _____

d) 0,42 = _____

e) 0,139 = _____

f) 2,06 = _____

g) 12,000 = _____

h) 1,20 = _____

5 Represente usando um decimal.

a) $\dfrac{9}{10}$ = _____

b) $\dfrac{9}{100}$ = _____

c) $\dfrac{9}{1000}$ = _____

d) 9 = _____

e) $1\dfrac{3}{5}$ = _____

f) $\dfrac{3}{4}$ = _____

g) $\dfrac{1}{8}$ = _____

h) $2\dfrac{7}{20}$ = _____

6 Pinte os quadrinhos em que está indicada a metade de uma unidade.

| $\dfrac{1}{2}$ | $\dfrac{3}{8}$ | 6 em 12 | 1,2 | 0,5 | 50% |

| $\dfrac{5}{8}$ | 0,50 | 7 em 10 | $\dfrac{4}{8}$ | 3 em 6 | 25% |

7 Faça a comparação colocando >, < ou = nos quadrinhos.

a) 5,3 ☐ 5,30

b) 5,3 ☐ 5,03

c) 0,786 ☐ 1

d) 3,427 ☐ 3,43

e) 0,8 ☐ 0,800

f) 2,5 ☐ 5,2

g) $1\frac{4}{5}$ ☐ 2,1

h) $3\frac{7}{100}$ ☐ 3,07

8 Veja 4 itens das compras de Maria:

- 0,340 kg de uva ⟶ R$ 5,74
- 0,335 kg de cenoura ⟶ R$ 1,90
- 1,150 kg de mamão ⟶ R$ 2,28
- 0,395 kg de pera ⟶ R$ 5,09

Coloque em ordem crescente:

a) os "pesos": _____ , _____ , _____ e _____ .

b) os preços: _____ , _____ , _____ e _____ .

Escreva os "pesos" em gramas e os preços em centavos.

"Pesos": _____ , _____ , _____ e _____ .

Preços: _____ , _____ , _____ e _____ .

9 Reescreva usando todos os algarismos.

a) 3,5 mil quilogramas: _____ .

b) 3,5 milhões de reais: _____ .

c) 3,5 bilhões de habitantes: _____ .

10 Registre na forma indicada.

- Na forma de fração irredutível:

    a) 3 ÷ 7 = _____

    b) 4 ÷ 12 = _____

- Com números na forma decimal:

    a) 7 ÷ 20 = _____

    b) 9 ÷ 15 = _____

- Localize na reta numerada os decimais que você obteve no item anterior.

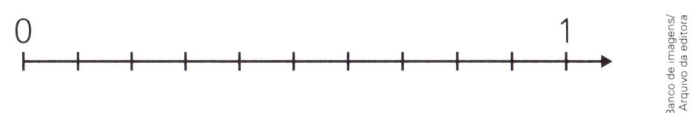

    0 ——————————— 1

11 **CALCULADORA**

Efetue as operações e confira com uma calculadora.

a) R$ 34,12
  + R$ 18,18

d) 13,75
  ×   6

b) 25,50
  − 18,75

e) 24,15 | 7

c) 4,72 + 12,9 = _____

f) 5,2 + 4 × 0,7 = _____

12 Determine o resultado.

a) 25 × 100 = _____

b) 25 ÷ 100 = _____

c) 8,175 × 1000 = _____

d) 9 324 ÷ 1000 = _____

e) 1,5 ÷ 100 = _____

f) 10 × R$ 7,80 = _____

13 Complete com números na forma decimal, de modo que o resultado seja sempre 1.

0,7 + _____ = 1

8,5 ÷ _____ = 1

0,85 + _____ = 1

3,8 − _____ = 1

0,99 + _____ = 1

4 × _____ = 1

2 × _____ = 1

1,9 − _____ = 1

0,005 + _____ = 1

14 Calcule e responda.

As imagens não estão representadas em proporção.

a) Amanda comprou 3 cadernos e 10 lápis. Pagou com 1 nota de R$ 50,00. Quanto recebeu de troco? _____

Caderno. R$ 3,60

Lápis. R$ 0,65

b) O lucro de uma empresa em 1 ano foi de 1,7 milhão de reais. Quanto faltou para chegar a 2 milhões de reais? _____

c) Solange comprou um celular de R$ 456,00. De entrada deu 25% do total e o restante está pagando em 5 prestações iguais.

Qual é o valor de cada prestação? _____

15 **ARREDONDAMENTO E RESULTADO APROXIMADO**

Márcia tinha 12 m de tecido. Ela usou 4,98 m para fazer um vestido e 5,87 m para fazer outro vestido. Quanto tecido sobrou, aproximadamente?

☐ 12 m   ☐ 1 m   ☐ 2 m   ☐ 11 m

16 Em cada quadro temos 1 ou mais sólidos geométricos e o "peso" total.

18,3 g

10,4 g

18,6 g

38,1 g

Calcule os "pesos" nestes quadros:

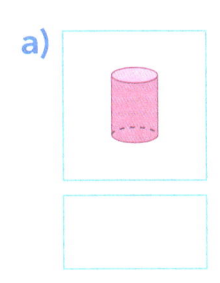

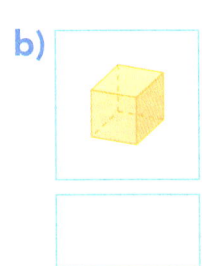

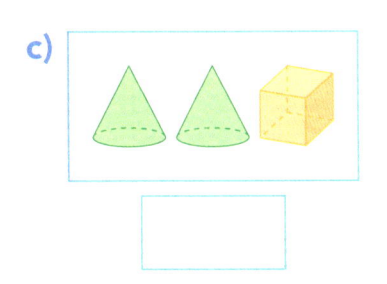

a)

b)

c)

17 Observe os objetos e os preços.

As imagens não estão representadas em proporção.

Caixa de lápis ⟶ R$ 2,95   Pasta ⟶ R$ 0,98   Caderno ⟶ R$ 3,95   Caneta ⟶ R$?

Agora, responda:

a) Lúcia comprou 1 caixa de lápis e 1 pasta. Quanto gastou? _____

b) Pedro comprou 2 cadernos. Quanto gastou? _____

c) Rafael comprou 1 caixa de lápis e pagou com 1 nota de R$ 5,00. Quanto recebeu de troco? _____

d) André comprou 4 canetas e gastou R$ 5,20. Qual é o preço de cada caneta? _____

18 Na aula de educação física, o professor mediu o "peso" e a altura de cada aluno. Os dados de 4 alunos estão indicados na tabela abaixo:

"Peso" e altura

Nome	"Peso"	Altura
Cléber	33,5 kg	1,2 m
Roberta	41,3 kg	1,26 m
Mário	37 kg	1,3 m
Alice	40,1 kg	1,34 m

Tabela elaborada para fins didáticos.

Complete:

a) Roberta mede _____ cm.

b) Mário pesa _____ g.

c) Alice mede _____ mm.

d) Cléber pesa _____ kg a menos que Roberta.

e) Alice mede _____ m a mais que Mário.

19 Observe parte da reta numerada e os pontos marcados com letras maiúsculas.

```
    E  C        H      G   D  A              F    B
+---•--•--+-----•------•---•--•--+------------•----•--+--→
7         8            9         10          11        12
```

Associe cada número à letra correspondente.

a) 7,4: _____

b) 7,61: _____

c) 9,5: _____

d) 8,6: _____

e) 11,2: _____

f) 8,43: _____

g) 10,853: _____

h) 9,25: _____

20 Calcule o valor de cada expressão numérica e registre.

a) 3,5 + 10 × 0,52 = _____

b) 2,71 × (35,7 + 64,3) = _____

c) 9,96 − 7,32 + 4 = _____

d) 3,2 + 4,5 ÷ 9 + 12,1 = _____

21 **CÁLCULO MENTAL**

Calcule mentalmente e complete com decimais.

a) _____ + 3 = 4,7

b) _____ − 0,2 = 6

c) 2 × _____ = 9

d) _____ ÷ 3 = 0,5

22 Veja as três manchetes que Maurício leu no jornal da segunda-feira. Em todas aparecem decimais.

A Arena Corinthians tem capacidade para 49,2 mil torcedores. No jogo realizado entre Brasil e Paraguai, pelas eliminatórias da Copa do Mundo de 2018, aproximadamente 10% dos lugares ficaram vagos.

As imagens não estão representadas em proporção.

Jogo entre Brasil e Paraguai na Arena Corinthians, em São Paulo, SP. Foto de 2017.

Com o fim das chuvas o nível do rio baixou de 2,3 m para 1,7 m.

O preço da gasolina subiu R$ 0,12 em cada litro.

Bomba de gasolina.

Calcule e responda ou complete:

a) Como se escreve o número que representa a capacidade de torcedores da Arena Corinthians, usando todos os algarismos? _____

b) Quantos lugares ficaram vagos no jogo Brasil e Paraguai? _____

c) O nível do rio baixou _____ m, ou seja, _____ cm.

d) Se o litro da gasolina custava R$ 2,95, então quanto ele passou a custar?
_____

Unidade 10

Grandezas e suas medidas

1 Complete com a unidade de medida mais conveniente. Depois, escreva a grandeza correspondente.

a) Para embrulhar o presente, Marina gastou meio _____ de fita.

Medida de _____.

Menina com presente.

b) As aulas de Rafael começam às 7 _____ e 45 _____ e terminam às 12 _____.

Medida de _____.

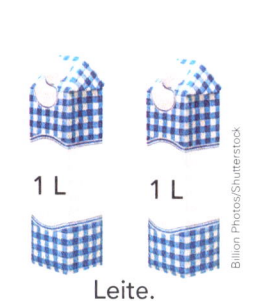

c) Lúcia foi à padaria e comprou 2 _____ de leite.

Medida de _____.

Leite.

As imagens não estão representadas em proporção.

d) Maurício não está com febre. O termômetro marcou 36,5 _____.

Medida de _____.

e) O pedreiro vai precisar de 100 pisos cerâmicos para cobrir os 20 _____ do chão de um cômodo.

Medida de _____.

Pedreiro colocando piso.

f) Roberto foi ao mercado e comprou 1 melancia de 2 _____ e 1 mamão de 400 _____.

Medida de _____.

Mamão e melancia.

setenta e nove 79

2 Complete para relacionar os valores das unidades padronizadas de medida de comprimento.

1 metro = _____ centímetros

ou

1 m = _____ cm

1 centímetro = _____ milímetros

ou

_____ = _____

1 quilômetro = _____ metros

ou

_____ = _____

1 decímetro = _____ centímetros

ou

_____

Agora, usando as relações acima, complete.

a) Com um decimal: 1 mm = _____ cm

b) Com uma fração: 1 m = _____ km

c) 5 m = _____ cm

d) 1,5 km = _____ m

e) $\frac{1}{2}$ dm = _____ cm

f) 20 000 m = _____ km

g) 40 cm = 4 _____

h) 300 cm = _____ m

3 Meça os lados do △ABC e, depois, complete os itens abaixo.

a) Medida de $\overline{AB}$: _____ cm.

b) Medida de $\overline{AC}$: _____ cm.

c) Medida de $\overline{BC}$: _____ cm.

d) Medida do perímetro do △ABC:

_____ cm ou _____ mm.

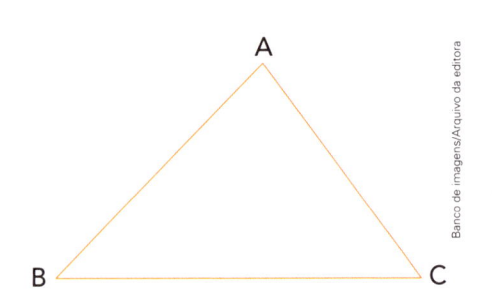

4 Observe as regiões planas desenhadas abaixo e complete.

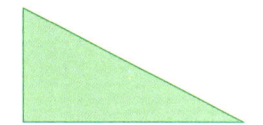

a) Usando a região verde como unidade, a medida de área da região laranja é de _____ unidades.

b) Usando a região laranja como unidade, a medida de área da região roxa é de _____ unidades.

c) Usando a região verde como unidade, a medida de área da região roxa é de _____ unidades.

d) Usando a região laranja como unidade, a medida de área da região verde é de _____ unidade.

5 Uma região quadrada com 1 cm de lado tem a medida de superfície (área) igual a 1 centímetro quadrado. Veja ao lado.

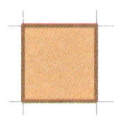

Medida de área: 1 cm²

- Registre a medida de área, em cm², das regiões planas abaixo.

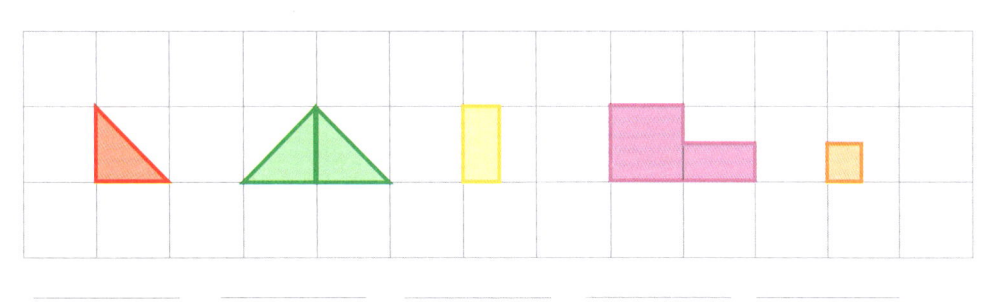

- Agora, construa mais regiões planas com as medidas de área indicadas.

a) 4 cm²

b) 3,5 cm²

c) 0,75 cm²

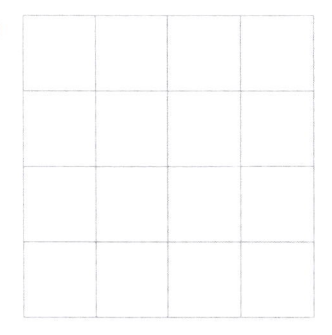

6 PERÍMETRO E ÁREA

Sem quadricular as figuras, calcule e registre as medidas dos perímetros em centímetros e as medidas das áreas em centímetros quadrados.

a) 2,8 cm / 2 cm / 2 cm / 2,8 cm

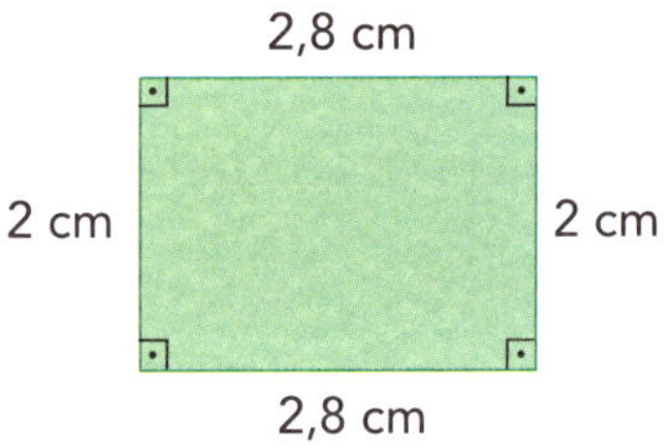

Perímetro: _____.

Área: _____.

c) 3 cm / 5 cm / 4 cm

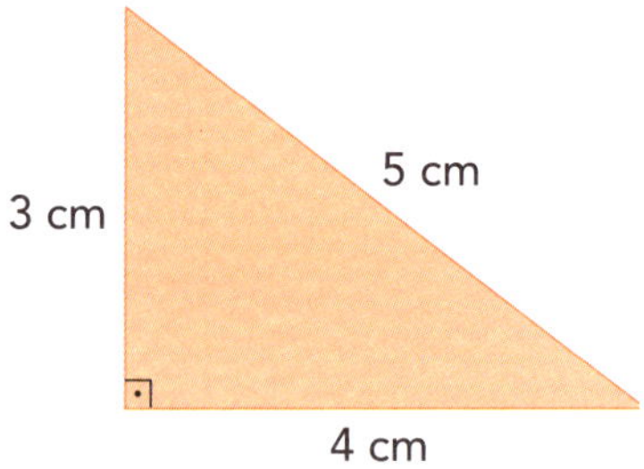

Perímetro: _____.

Área: _____.

b) 3 cm / 3 cm / 3 cm / 3 cm

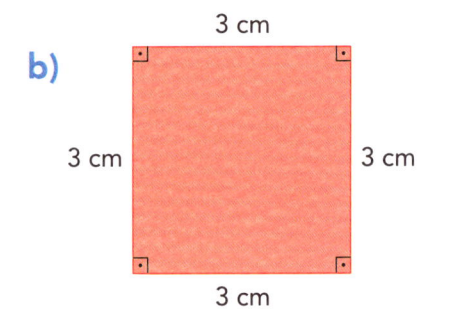

Perímetro: _____.

Área: _____.

d) 4 cm / 1 cm / 2 cm / 2,5 cm / 1 cm / 1,5 cm

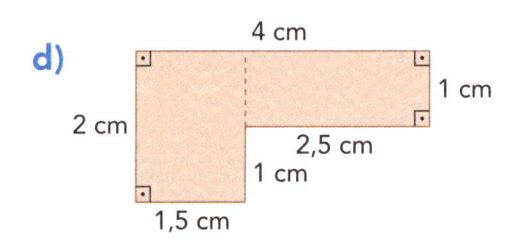

Perímetro: _____.

Área: _____.

7 ESCALA

a) Use a escala indicada ao lado e calcule a medida do perímetro real do terreno representado. _____

10 m

Terreno.

b) Use a escala em que cada cm corresponde a 5 km e calcule a medida de área real da região representada abaixo. _____

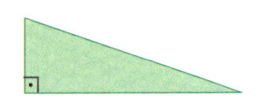

8 Considere como unidade de medida de volume o centímetro cúbico, ou seja, a medida do volume de um cubo com arestas de 1 cm.

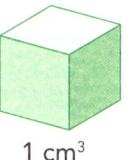

$1\ cm^3$

Calcule de duas maneiras diferentes a medida do volume do paralelepípedo com dimensões de 3 cm, 2 cm e 2 cm.

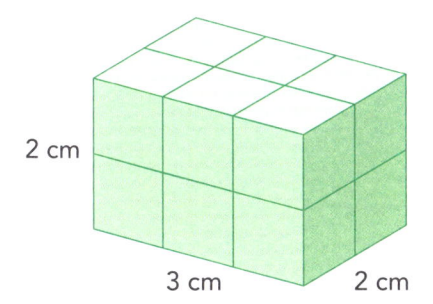

Registre aqui: _____

2 cm
3 cm   2 cm

9 Marcelo construiu 1 cubo com cubinhos de $1\ cm^3$. Depois retirou 2 cubinhos da construção, como mostra a figura.

Qual é a medida do volume do sólido geométrico obtido após essa retirada? _____

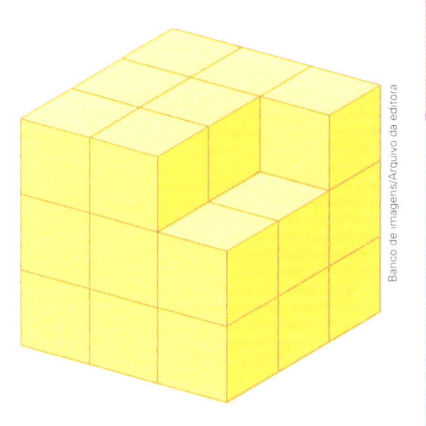

10 Considere as frutas reproduzidas abaixo e pense no "peso" (medida da massa) de cada uma.

As imagens não estão representadas em proporção.

Maçã.   Amora.   Melão.   Jaca.

Escreva os nomes das 4 frutas, de modo que seus "pesos" fiquem em ordem crescente.

_____, _____,

_____ e _____.

11 Complete para relacionar os valores das unidades padronizadas de medida de massa.

1 quilograma = _____ gramas

ou

1 kg = _____ g

1 tonelada = _____ quilogramas

ou

_____ = _____

Agora, usando as relações acima, complete.

a) Com um decimal: 1 g = _____ kg

b) Com uma fração: 1 kg = _____ t

c) 0,5 kg = _____ g

d) 7 t = _____ kg

e) 2 kg e 300 g = _____ g

f) 6 020 kg = _____ t e _____ kg

g) 3 000 g = 3 _____

h) 1,5 t = 1 500 _____

12 CÁLCULO MENTAL

Aurora pagou R$ 1,20 por 250 g de banana-prata.

Considere os valores citados, calcule mentalmente e complete.

Banana-prata.

a) 1 quilograma de banana-prata custa R$ _____.

b) Com R$ 2,40 podemos comprar no máximo _____ g ou _____ kg de banana-prata.

13 Pedro queria fazer uma sobremesa para os colegas de sala. Com a ajuda de seu tio, ele escolheu a receita a seguir.

Iogurte

Ingredientes
- 1 envelope de fermento
- 5 litros de leite integral
- 400 g de açúcar

Como fazer

1º passo: Coloque o açúcar e o leite em uma panela e aqueça até que a mistura atinja 80 °C. Não pare de mexer enquanto o líquido aquece. Ao atingir a temperatura, desligue a chama e mantenha a panela fechada por 10 minutos.

2º passo: Deixe a mistura em banho-maria até resfriar e atingir a temperatura de 40 °C.

3º passo: Quando atingir 40 °C, adicione o fermento e mexa até obter uma mistura homogênea.

4º passo: Tampe a panela e deixe descansar por 5 horas.

5º passo: Depois desse período, deixe o iogurte esfriar na geladeira até chegar à temperatura de 18 °C.

---

a) Se Pedro e seu tio começarem a preparar o iogurte às 15 horas, a que horas eles devem colocar o iogurte na geladeira? Considere que os 3 primeiros passos tenham duração de 1 hora, no total. _____

b) Se Pedro precisa levar o iogurte às 18 horas para os colegas, a que horas ele e seu tio devem começar a receita? Considere que o 5º passo tem duração de 3 horas. _____

c) Se a mistura de leite e açúcar estiver a 21 °C ao final do 1º passo, quantos graus Celsius ela deve aquecer para chegar à temperatura ideal do 2º passo?

_____

d) Quantos graus Celsius o iogurte deve esfriar entre o 3º e o 5º passo?

_____

14 Litro (L) e mililitro (mL) são 2 unidades de medida de capacidade bastante usadas. Complete com os valores corretos.

a) 1 L = _____ mL

b) Com uma fração: 1 mL = _____ L

c) Com um decimal:

1 mL = _____ L

d) 2,5 L = _____ mL

e) $\frac{1}{4}$ L = _____ mL

f) 100 mL = _____ L

ou _____ L

15 O TIGRE-DE-BENGALA

Atualmente, os tigres-de-bengala habitam o continente asiático e são uma das espécies mais ameaçadas de extinção entre os grandes felinos do planeta pela caça ilegal ou destruição de seu *habitat*.

Os tigres-de-bengala são exímios caçadores e correm vários quilômetros por dia para caçar, chegando a correr a uma velocidade de até 80 km/h e a saltar a uma altura de 5 a 6 metros. Os tigres-de-bengala também são ótimos nadadores e no verão costumam ficar sempre perto da água.

Apesar de os tigres-de-bengala terem a visão fraca e não conseguirem enxergar a uma distância além de 100 passos, possuem uma ótima audição, sendo este o seu sentido mais aguçado.

Os machos são maiores e mais pesados do que as fêmeas, e um fato curioso a respeito deles é que suas listras correspondem às impressões digitais dos seres humanos, porque nenhum tigre-de-bengala tem as listras dos pelos iguais às de outro tigre.

Alguns dados sobre o tigre-de-bengala

Estado de preservação da espécie	Em via de extinção
Comprimento	1,4 m a 2,8 m
Cauda	60 cm a 1 m
"Peso"	Até 200 kg
Período de gestação	95 dias a 112 dias
Dieta	Come animais: veado, búfalo, javali, gauro (um tipo de bovino), macaco, entre outros.
Longevidade	Até 26 anos em liberdade

Fonte de consulta: <www.portalsaofrancisco.com.br/animais/tigre-de-bengala>. Acesso em: 11 maio 2020.

Tigre-de-bengala.

Responda ou complete usando dados do texto e do quadro.

a) Um tigre-de-bengala correu sem parar atrás de uma caça por 6 minutos com velocidade máxima. Quantos quilômetros ele percorreu? _____

b) O tigre-de-bengala consegue enxergar uma presa que está a 0,5 km de distância dele? (Considere 1 passo = 90 cm). _____

c) Qual é o comprimento máximo que o tigre-de-bengala atinge? _____ Como é essa medida em centímetros? _____

d) O período de gestação da fêmea é de _____ meses e _____ dias a _____ meses e _____ dias (use 1 mês = 30 dias).

e) Se um tigre-de-bengala atingir 80% do "peso" máximo possível, qual será seu "peso"? _____

f) Em liberdade, o tigre-de-bengala vive até _____ meses.

16 Existem algumas relações entre as medidas de volume e as medidas de capacidade. Complete com os valores corretos.

a) 1 L = _____ cm³

b) 27 000 cm³ = _____ L

c) 1 dm³ = _____ L

d) 36 L = _____ dm³

17 ESTIMATIVAS

Maurício construiu a região **A** indicada abaixo. Depois fez recortes e colagens para obter a região **B**.

a) Faça estimativas.

- As medidas dos perímetros de **A** e **B** são iguais? _____
- As medidas das áreas de **A** e **B** são iguais? _____

b) Agora, faça as medições, calcule, complete e confira suas estimativas.

Região **A**	Região **B**
Comprimento: _____ .	Comprimento: _____ .
Largura: _____ .	Largura: _____ .
Perímetro: _____ .	Perímetro: _____ .
Área: _____ .	Área: _____ .

c) Quantas das estimativas você acertou?

☐ Nenhuma.   ☐ 1 (a 2ª estimativa).

☐ 1 (a 1ª estimativa).   ☐ As 2.

18 Assinale as duas regiões planas que possuem a mesma medida de perímetro e a mesma medida de área.

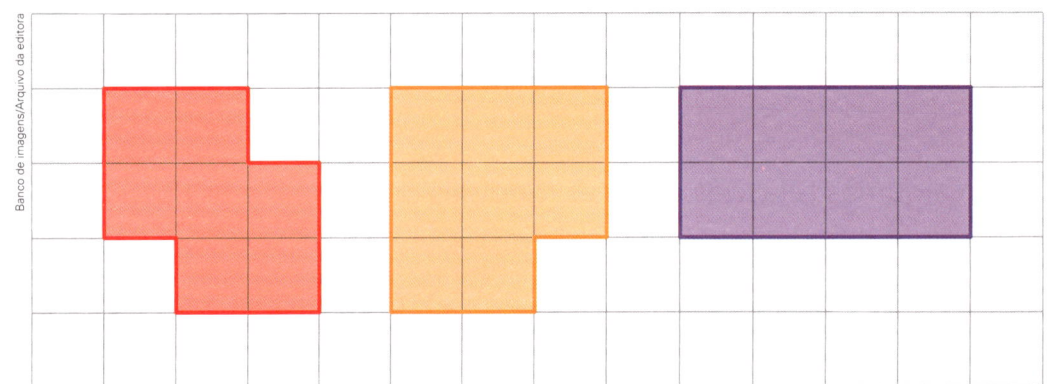

88 oitenta e oito